JN105929

事業成長につなげる
デジタルテクノロジー
の
教科書

片山　智弘

大学教育出版

まえがき

「あの本のオーサリングが午後にアップするから、メルマガ ASP 使って、URL にパラメータ振って送信しておいて！」

「弊社は＊＊＊の取引情報の API をライブラリ化してもっていて、それをリクエスト単位で課金している会社です。……ぜひ御社に投資してもらいたいと思っています」

「ブロックチェーン使ったトークン発行できるプラットフォームを作って、マイクロコンテンツ事業者が ICO して資金調達できる環境を作るのはどうだろう？」

…何を言っているのか全然わからない人もいるのではないでしょうか。私のいる商談の場や事業開発の現場で実際に毎日のように繰り広げられている会話の一部です。

図	バズワードになるデジタルテクノロジーのイメージ

AI（人工知能）　　　　クラウド　　　　エッジコンピューティング

　　　　　　　　　　　　　　　　　　　　　　　　データマイニング

　　　　　　　　グロースハック

　　　　　　　　　　　　　　　オープンイノベーション

ビッグデータ

　　　　　　　　　　　センシング　　　　　　オートメーション　　　BI

　　　　　　　　　　　　　　　　仮想通貨

ディープラーニング　　　　　　　　　　　　　レコメンデーション

　　　　　　　　　　　　　　　　　　　　　　　　3Dプリンター

　　　　量子コンピュータ　　画像認識

IoT（モノのインターネット）　　　　　　ウェアラブルデバイス

　　　　　　　　　　　　　　　　　　　　　　　　ロボティクス

ゲノミクス　　　　　　AR / VR

　　　　　　　　　　　　ブロックチェーン

皆さんもご存知の通り、デジタルテクノロジーが発展して、産業界に新しい境地を開いています。フィンテック、エドテック、リテールテック、…など業界×テクノロジーを標榜するベンチャーが市場を席巻して、量子コンピュータ、ブロックチェーン、AI、仮想通貨、IoT、5G…といった最新のデジタルテクノロジーがバズワードになってどんどん社会に出てきています。

冒頭の例ではなくとも、皆さんも仕事中にデジタルの知らない単語が出てきて、後で Google 検索してもイマイチわからなかったというようなことや、職場で急にハイテクなソリューションが導入されたことはありませんか。

それらの技術は、学校教育における「情報」の授業や、企業の基礎研修で習う基本的なパソコン操作の範囲を大きく超えています。日々どんどんアップデートもしていくため、専門家だとしてもその全てを理解するのは非常に困難なくらいです。

本書の位置づけは、そういったビジネスの現場で新しいデジタルテクノロジーに向き合う、または向き合わざるを得なくなった皆さんに向けた、普遍的に使えるデジタルテクノロジーの評価・分析、そして実践の手法について書かれた入門書になります。

まず、本書のタイトルにもある「デジタルテクノロジー」という言葉の定義についてです。本書では、技術としての高度さは関係なく、デジタルの仕組みをなんらか、どこか一部にでも活かした製品・サービス・技術群に対して、それらを総称した意味として「デジタルテクノロジー」と呼んでいきます。ですので、業界×テックの造語や、「AI」「ブロックチェーン」といったような技術領域名も個別のサービス名とその内容も全て包含して「デジタルテクノロジー」と呼んでいますのでご留意ください。

続いて、本書の構成です。第 1 章が書籍の背景になっていて、デジタルテクノロジーの全体をとらえるための背景知識をインプットしていただきます。

第 2 章はメインとなるフレームワークを紹介します。そのデジタルテクノロジーの位置づけや強いポイントなどをユーザー目線から解析していきます。

第 3 章はもっと事業として役に立てるためのビジネス面を評価する拡張フ

レームワークを紹介します。そのデジタルテクノロジーが、ビジネスの現場でどれくらい役に立つものなのかを理解していきます。第2章と第3章はケーススタディとして、それぞれフレームワークを実際に使った実例をあげています。

　続く、第4章および第5章は実際に活用に向けて自社以外の他のステークホルダーを理解するポイントと、留意すべきリスク事項や確認事項をチェックしていきます。

　第6章から第8章には活用により重きを置いて、その方法や具体的なアウトプットについて扱っています。まず、第6章では調達や利用をしていく目線でのその上で持つべきマインドセットから実際に担当者として稟議で話すトークスクリプトのイメージまでを整理しています。次に第7章はデジタルテクノロジーを活かして事業を設計する上での方法を記載しています。

　第8章は、そういった自社導入や事業開発を実施してデジタルテクノロジーを用いて生まれたサービスをいかに知ってもらうか、理解してもらうか、使ってもらえるかを考えるマーケティングについて取り扱っています。

　最後の第9章ではその上で出てきたフレームワーク全体をまとめています。最後に巻末で出てきた単語について簡単に解説を入れた用語集を入れています。そこで大枠を説明していますが、各デジタルテクノロジー1つ1つの詳細を知りたい方は個別に調べたり、各技術の専門書や学術論文を読んでいただきたいと考えています。

　本書の対象になる読者は大きく分けて2つあります。1つは、今、直接、エンジニアリングや研究開発に関わっていない、一般的な会社員や自営業の皆さんです。最新のデジタルテクノロジーがニュースをにぎわしたり、会社がデジタルテクノロジーを業務に導入するとなったときに、それを見極める目を持った上で、使ったり考えたりしてもらえるような下地に本書がなってもらいたいと思っています。また、この読者層の皆さんにとってはエンドユーザーとしての目利き視点を提供するという意味で、新しいガジェットや通信機器の購入やウェブサービスの入会を考えたりする日常生活の中での購買検討にも役に立てると思います。

　そして、もう1つの読者像は新規事業やスタートアップへの投資活動、今後の事業計画や経営計画を検討されていくにあたり、デジタルテクノロジーを事業へ役立てていかなければならない人たちです。職種でいうと、新規事業開発担当やベンチャーキャピタリスト、経営企画担当、そして企業の執行役員や取締役といった経営陣で、エンジニアリングや研究開発が専門ではない皆さんです。そういった皆さんには、技術の詳細を理解するというよりも、それらをメタ化した視点や何に使えて、どういうビジネスとしてのベネフィットがあるかを評価・分析した上で事業判断していくことが非常に重要になるからです。

　ここで、私がなぜ本書を書いたのかも触れておきたいと思います。私はもともと大学院生だった時分に、就職活動のSPIを練習するイーラーニングサービスで起業してから、その会社を2年ほど経営した後に外部に事業売却をして、電通に入りました。

　電通というと、一般的にはテレビCMなどマスメディアを中心とした広告コミュニケーションを扱う総合広告代理店のイメージが強いと思います。しかし、私はその中で電通に入社してからも、一般的なデジタルマーケティングにおけるクライアントワークやアドバイザリー業務に従事することもありますが、基本的には常に新規事業開発を扱う部署に所属しています。そこで、電子書籍、BIツール、MAツール、グロースハック、オープンイノベーション、デジタルヘルスケア、ブロックチェーンと、様々なそのときに第一線にあるテクノロジーやメソドロジーを、ソリューションとして取りこんで商品化して販売したり、自社事業として運営できるような枠組みを作ってきました。

　現在はセガグループのグループ会社で、エンタテインメントの力を、クライアントのマーケティングや新規事業といった事業課題や生活者の社会課題の解決に役立てる、株式会社セガ エックスディーという会社へ電通から資本参画をしまして、その役員も兼務しています。

　上記のように書くと、落ち着きなく映るかもしれませんが、簡単に言うと、「デジタルテクノロジーをどう乗りこなして、価値や競争優位を築き、事業収益につなげていくのか」に自分の職業人生の全てを費やしてきました。

　今の仕事をしていきたいと思えるようになったきっかけは 10 年ほど前の大学院生のときになります。大学院で化学の研究をしながら、上記の起業していた中で感じた 2 つの実感が根になっています。

　1 つ目は、技術の社会評価のされ方です。私よりも遥かに研究観点で優秀な大学院の先輩や後輩、同僚が、博士になった際になかなか定職に就きにくくなるポスドク問題に向き合うことになっていたり、素晴らしい研究や基礎技術にも関わらず、それに研究費が全くつかなかったり、なかなか日の目を見ることができていない様子を目の当たりにしたり、テクノロジーや学術の価値が正しく評価されにくい現状に対して、非常にもやもやした気持ちを持っていました。

　もう 1 つはデジタルテクノロジーのドラスティックさと革新性をみたことです。ちょうど上記の起業時に「アドテク」や「ビッグデータ」のような言葉が勃興したときの国内外のテックベンチャー興隆に、いわゆる学生ベンチャーの末端事業者として触れる機会がありました。まだ「GAFA」といわれるほどは影響力がなかった Google や iPhone が出たての Apple、日本人はまだ始めたばっかりの Facebook、ただの海外 EC サイトだと思われていた Amazon など、今とまた違った様相でデジタルテクノロジーを持ったサービス群が大きくなっている真っ只中にいたわけです。

　そういうデジタルテクノロジーが世界を変えていく中で自分の青春時代の最後と職業人生の最初が始まったため、技術と事業の間をつなぐ探求活動自体が自分の人生のテーマになっています。このノウハウが皆さんのお仕事に少しでもお役に立てると光栄です。

　最後になりますが、慣れない出版企画を一緒にしてくれ、原稿が遅延して非常にご迷惑をおかけしてしまった中でも優しくご指導・ご鞭撻をいただいた大学教育出版の佐藤守さん、出版を許可してくれた株式会社電通の所属部署である、事業共創局の直属の上司である阿比留一彦さんと当時の局長であった山下義行さんおよび業務で日々ご一緒している皆さん、電通広報のコーポレート・

コミュニケーション局の皆さん、6年ほど前にこの理論の基になるフレームにおけるディスカッションパートナーになってくれた小沼敏郎さん、本書の一部となる内容の講演機会を作ってくれた高橋北斗さん、また、今回の理論をさらに大手企業向けにブラッシュアップする機会になった三井不動産の光村圭一郎さんおよび東京ミッドタウン日比谷6階の産業創造拠点 BASE Q の運営メンバーおよび伴走チームの皆さん、第3章の UX に関して高い示唆と多数の実践者との交流機会をくださっている五十嵐建祐先生および石井洋介先生、木野瀬友人先生を中心とするデジタルハリウッド大学院「デジタルヘルスラボ」の皆さん、各所で本書の事例掲載のご許諾をいただきました関係者の皆さんとその許諾取得にも積極的に協力してくれた電通およびセガエックスディーを中心とする協力者の皆さん、そして新婚早々の令和元年の10連休のゴールデンウィークとシルバーウィーク、年末年始のほぼ全てを約2年分出版作業に使ってしまい、迷惑をかけた妻の珠実に感謝と敬意を表します。

　他にも書ききれないほど多数の方々のご厚意で本書が出版できることを、この場を借りて特に深く御礼を申し上げます。事例でも数多くの第一線のスタートアップ経営者やイントレプレナーの皆様にインタビューやコメントのご協力をいただきました。

　ありがとうございました。

2021年2月

片山　智弘

事業成長につなげる
デジタルテクノロジーの教科書

目　次

第1章
身近に起きているデジタルテクノロジーの変化

この第1章では、本書のメインである評価分析活用手法の具体に入っていく前に、デジタルテクノロジーがビジネスの現場に入ってきている背景と、第2章以降の内容をおさえていく上で必要最低限となる前提を共有していきたいと思います。

1. いきなり職場にやってくるデジタルテクノロジー

なぜ昨今、急激にデジタルテクノロジーに関するニュースが増えて、注目が集まり、皆さんの生活や職場への浸透が進んでいるのか。デジタルテクノロジーによって、生活や仕事が変わっているということは皆さんの実感としても、世間のニュースで騒がれている話としても自明のことだと思います。

企業の取り組みにおいても、一般社団法人日本情報システム・ユーザー協会の2019年4月に発表された約4,000社を対象にした調査（回答数N＝1,103社）によると、「プロセス」または「商品・サービス」のどちらともデジタル化を考えていない企業は29.2%のみで、残りの70.8%は全てどちらかを検討中または実施中であるという結果が出ています。実感値として企業の7〜8割がサービスや業務のデジタル化をさらに推進させているという感覚は説得力がありますし、昨今の新型コロナウイルス感染症対策における企業のデジタルトランスフォーメーション推進により、この流れは加速していくでしょう。

数値上だけではなく、消費者体験としても実感はたくさんあると思います。ショッピングモールのサイネージをタッチして機械に道案内をしてもらったり、催事などでドローンを見たこともある人もいるでしょう。老人ホームの娯楽でのレクリェーションや、店頭プロモーションに、人間ではなくロボットの

ペッパーがエンターテインメントを行う時代です。第2章でも解説しますが、コスト超過な構造にさえならなければ、技術の利便性がデバイスと情報のコントロールでどんどん上がってきているため、導入が進んでいくわけです。

ただ、そういった事実以上に、さらに重要になった背景と、具体的にどういう観点を持つことが重要であるのか、大きく5つのポイントに分けてご説明します。

ここではその背景への言及にとどめ、これ以降の章で、特に第5章を中心にその詳細についてご説明することとします。

（1）ポイント①：通常業務での全社ゴト化

まず、一番におさえていくべき観点は、デジタルがビジネスの現場で「全社ゴト化」したということです。

最新のシステムによって、単に作業者が便利であることや体験価値があがること、安価になることなどは言うまでもないことですが、企業活動の中でデジタルを使う意味を根底から変える変化をもたらすようなことが2点あります。

1点目は、必要な知見や工程の増加です。従来のデジタルテクノロジーの職場への浸透とは異なり、よりたくさんの知識が必要になっています。例えば、一般企業に初めて手書きからメールへ変更になったときには、同じテクノロジーを全員で覚えていくことが重要ですので、一斉に同じフローで同じ工程、同じ知識をキャッチアップしていけばいいのです。

しかし、前述のパターーンだけではなく、同じテーマ、同じ場所へ使うデジタルテクノロジーでも、関係者も流れも必要になる知識も異なることが最近非常に増えています。

例えば、マーケティングにおけるデジタル広告の業界を1つとって考えてみるだけでもよくわかります。少し前の図ですが、代表的なソリューション内容と、必要となる知見をまとめたのが表1-1です。

1990年代後半〜2000年代前半、バナー広告や検索連動型広告が最初に出てきたときは、「どれだけリーチしたのか」「クリックされたのか」「獲得できたのか」

表 1-1 ┊ デジタルマーケティングの発展と必要になる知見

日本市場における おおよその登場時期	ソリューション	必要となる知見
1990 年代後半	バナー広告	マス広告とミックスして出稿量を予算に合わせて最適化する能力
2000 年代前半	アフィリエイト、検索連動型広告	獲得（＝コンバージョン）までを定量的に把握してコントロールする能力[※1]
2010 年前後	SNS 運用	共感や拡散の設計能力
2010 年代前半	レコメンデーション、ビッグデータ	大量のデータから示唆を出して打ち手に反映させていく能力
	マーケティングオートメーション、CRM ツール	獲得した先の LTV までとらえていく能力
2010 年代	オウンドメディア、O2O、オムニチャネル	開発ディレクション能力、コンテンツ編集能力、体験の設計能力
2014 年前後	グロースハック関連ソリューション	サービス設計能力、アジャイル運用への理解[※2]、サービス全体の KPI/KGI 設計能力
2015 年後半	アドフラウドソリューション	各広告の配信・計測が有効であるといえる基準を理解する能力

※1　その後もアドエクスチェンジや DSP/SSP は誕生していくが、スキル部分は変化なし
※2　開発的な知見と、サービス内の CRM やキャンペーンおよびサポートなど、運用での PDCA に関する知見のどちらも含む

（出典：ウェブ電通報「デジタルの進化で急増するマーケターに必要なスキル」
　　　https://dentsu-ho.com/articles/6128）

を可視化できるようになったという理解で充分でした。
　しかし 2010 年代前半、ビッグデータやレコメンデーションの技術・概念が登場したことで、データをどう管理していくのか、それによって何ができるのかを把握する分析能力が必要になりました。
　さらに 2010 年代には、オウンドメディアを自社で開発したり、オムニチャネ

ルでリアルとデジタルをつないでいくようになり、マーケターもエンジニアと会話するために開発の知識がその前とは比較にならないくらい必要になりました。

しかも、今から約20年前に出てきたバナー広告や検索連動型広告も、昨今ホットなアドフラウド（不正広告）対策ソリューションも、栄枯盛衰や形式の変化はありますが、今も重要なデジタルソリューションのままです。」

（以上引用：https://dentsu-ho.com/articles/6128）

つまり、一言に「デジタルテクノロジー」を「マーケティング」に使うという同じ分野にも関わらず、必要な能力や知識、理解すべきポイントがかなり複雑化しているということがあります。

そうなると、企業活動において上記のような複雑化・複層化したデジタルテクノロジーを取り入れようとするときに、これまでにない関係者や専門家と付き合っていかないといけないことや、新しい知識を現場社員に効率的にかつ汎用的にインプットしていくことが重要です。

誰か1人だけ、少人数だけが詳しいという状況では、実験段階はいいとして、本格的な事業展開や導入を考えたときに、そのテクノロジーを活かしたビジネスができなくなってしまうわけなので、その教育環境や育成環境、キャッチアップしていく流れも含めて、部署ゴト化・全社ゴト化して考えていかないと乗り遅れてしまうというわけです。

2点目は、関わる部署の増加です。知見の増加以外の観点として、他部署との関わり方があります。以前はある作業をデジタル化するといっても、その各部門や情報システム系の部署だけで完結をしていましたが、今では多くの部署が関わるようになってきているのです。

例えば、また先ほどのマーケティングの例にとってお話をすると、バナー広告や検索連動型広告などは、これまでと同様に、広告宣伝を担う部門で完結させることができます。

しかし、例えばTwitterやFacebookなどのSNSでの公式アカウントは、会社の人格や姿勢を表す存在でもあるので、広報的な視点も必要になります。

また、グロースハック関連ソリューションは、打ち手をすぐに反映するアジャイルな開発部門が必要ですし、開発会社へ正しい指示をしなければなりま

表1-2	筆者執筆のデジタルマーケティングにおけるソリューションとそれにかかわる部門の一覧

日本市場におけるおおよその登場時期	ソリューション	関わる可能性の高い部門
1990年代後半	バナー広告	基本は広告宣伝・マーケティング部門のみ
2000年代前半	アフィリエイト、検索連動型広告	
2010年前後	SNS運用	広報部門
2010年代前半	レコメンデーション、ビッグデータ	データ分析部門、カスタマーサービス部門
	マーケティングオートメーション、CRMツール	情報システム部門、営業部門（＋アプリやウェブサービスなどならその運用に関する部門）
2010年代	オウンドメディア、O2O、オムニチャネル	制作企画部門、経営企画部門（＋ものづくりなら流通部門も）
2014年前後	グロースハック関連ソリューション	開発部門、財務部門
2015年後半	アドフラウドソリューション	コンプライアンス部門、法務部門

（出典：ウェブ電通報「デジタルの進化で急増するマーケターに必要なスキル」）

せんので、エンジニアの視点や知識があるほど有利になります。

　こちらも表1-1に沿ったものなので少し前のものですが、表1-2からも、総務や人事などのバックオフィス部門を除き、かなり多くの部署がデジタルテクノロジーと関係があることがわかります。

　最新のデジタルテクノロジーを実務で使いこなすためには、必要な知見とともに、関わる部署も増大していることをご理解いただけたと思います。上記のマーケティングの例で見ても、明らかに事業活動や他部署の活動とその推進行為自体が完全にリンクしているため、「私は他の部署のことまで考えられない」「自分と違う職種の考えが全くわからない」「そのテクノロジーは知らないから

私には関係ない」という態度でいると、推進していくこと自体が難しくなってきているのです。

　その上でも、デジタルテクノロジーをわかりやすく彼らの理解度や様々な部署の文脈ににに合わせて丁寧に説明していく力が、今後事業活動の中で求められていくということです。

（2）　ポイント②：様々な経営リスクの増加

　2点目はデジタルテクノロジーの活用を正しくすることが、経営リスクと直結していることです。デジタルテクノロジーが広まっているからならではの問題が世の中では多数発生しています。法律と仕組みとリテラシー全てが技術発展へ追い付いていないことで、多数のリスクを抱えています。そのリスクを考えて使っていくことは、事業や生活の中で役立てていく上でも背景知識として重要になります。評価分析に関わる大きなテーマになる課題としては4点あります。

　なお、著作権や肖像権の侵害問題や個人・法人への誹謗中傷、虚偽情報の流布や、デジタルシステムを使った詐欺や売春、闇取引の Web 化（ダークウェブ）など、刑法上の犯罪に発展するような問題も多数発生していますが、そういったことは評価・分析・活用の以前の話として、法的な意味で問題外だと考えますので、本書としては除いています。

　まず、ユーザビリティが生み出すリスクについてです。デジタルテクノロジーが不便なく生活者や社会人が利用できる環境自体を作ることも実は難しくなっています。どういうことかといいますと、デジタルテクノロジー自体はそもそも後発産業のため世代間で格差があります。今の50代中盤以降のインターネット初期世代より上の世代は、成人以降でそういうデジタルテクノロジーに出会っていくため、一般的に習熟が遅かったりします。例えば老眼など加齢とともに起こる身体の変化で、使いにくくなるということも背景にあります。

　逆に、ミレニアル世代（ジェネレーション Y）と呼ばれる1980年代前半から1995年までの幼少期世代に IT 革命を経験した世代や、そのさらに1つ下

の世代と言われるZ世代（ジェネレーションZ）、今の一般の大卒での新入社員の1つ下から小学校高学年くらいは、逆にスマートフォンが当たり前すぎてしまい、生活の中でパソコンを使う機会がほとんどなかったりします。

　仮にせっかく社内で生産性を上げて役立てようと思ってデジタルテクノロジーを入れて業務のデジタルトランスフォーメーションを図ろうとしても、使わないサービスや使えないサービス、組織の業務のユースケースや従業員のリテラシーにあわないユーザービリティのサービスを入れてしまった場合、どんなに導入までは順調でもコストが無駄になってしまいます。

　そして、家庭や学校教育の環境、収入や職場の状況などで社会的な教育環境格差がついてしまっていて、同年代で比べても大分差があります。高齢者でもバンバン、スマートフォンアプリを使いこなしている人もいれば、20代でもSNSをほとんど使わず、基本的なパソコンの使い方がわからない人もいます。

　このユーザービリティに関しては筆者も業務として関わっていますが、昨今UXへの企業の興味・関心や情報教育の充実含めて非常に向上していて改善している傾向は実感値としてもみられていますが、デジタルテクノロジーの実運用を考える上でもこういった前提で理想的なデザインをターゲットのユースケースになる様々な要件に沿って、ユーザー体験として提供ができているのか考えていく観点が重要です。

　次に、2点目はセキュリティのリスクです。例えば、ATMの暗証番号を後ろから盗み見たり、大事な守秘義務がある紙の資料が人の手に渡ってしまうなど、アナログでも十分に起こっていることではありますが、デジタルテクノロジーの場合は、特に個人情報がアクセスログとひとつなぎになって保存されていたり、一気に数千人・数万人の個人情報へアクセスができる環境があることがあります。巨大高層ビルや飛行機、通信社、官公庁や自治体、銀行のATM基幹システムなどが持つ大型管制システムがクラックされハッキングにあい、個人情報が洩れれば、日常生活にも影響を起こすことも可能です。欧米や一部のアジアと比べても日本は遅れているという各所調査結果も出ており、非常に大きな課題になっています。

　そして領域によっては、まだセキュリティを担保する技術環境や規制やメソ

ドロジー、実装における標準的な仕組みや基本的な体制の整備が追い付いていないものも多数あります。例えばベンチャースタートアップでサーバーエンジニアが採用できず不十分になっていたり、あまりにユーザビリティにこだわってアクセスやデータ通信の傍受がしやすい環境になってしまっていたりすることがあります。セキュリティの攻撃とそのプロテクトについては本書では第5章でチェックポイントには触れていきますが、残念ながら矛と盾でいえば、今は矛の攻撃をする側のほうが強いのです。

　詳細の計算式は割愛いたしますが、攻撃する対象システムやサーバーの仕様と、そのカギを解くリクエストの頻度と数がわかるとそこから大枠攻撃する負荷や時間が割り出せたりしてしまうくらいです。しかし、だからといって対策しなくていい理由はなく、予算の関係など経済的な制約で実際に実行できる範囲は制限されてしまうかもしれませんが、新しいデジタルテクノロジーを見ていく中でも事業実態に併せてそれを必ず精査していく目を担当者はもっていく必要性があります。

　そして3番目に、データの主権とその説明責任があいまいなことです。特にプラットフォーマーを中心に、データを利活用して、その上で広告や金融などのビジネスを組み立てたり、インセンティブプログラムを運営したりすることで、自社の事業を大きくしたり定着率を高める工夫をしている会社が多々あるのは皆さんもご存知だと思います。しかし、データにおいて2020年7月現在の法律ではそもそも「所有権」という概念がありません。個人情報は法律によって保護されていますし、もちろんデータを集めているフロントになる会社が管理責任を持つことが義務付けられていますが、ベンダーやアクセス数などの計測ツール事業者などシステムそのものに関わっている会社と、そのデータを買い取って利用したりする会社もあります。このように複数の事業者が集まっていて、その責任範囲は非常に難しい問題です。

　最初のユーザビリティの話とこのデータの課題両面で問題になる点でもありますが、ユーザーに対してのデータに関するアカウンタビリティについても課題があるものが多いです。皆さんは、会員サービスにあるウェブサイトやアプリケーションサービスを利用する際に、ユーザー利用規約を全部1言1句読

んでいますか？　読まずに「同意する」ボタンをクリックしてしまったことは
ありませんか。

　データの主権をユーザーへ向けていく議論や動きが活発になりつつ、攻めの
データの活用は、昨今の情報銀行制度解禁も含めて並行して進んでいます。そ
れを含めて、自社としてのデータへの考え方を持つことと、ユーザーに向けた
コミュニケーション・デザインが必要になります。

　最後に、こういった能力がある人の能力を正しく評価できないことがある
点です。デジタルテクノロジーを担っていく研究者やエンジニアといった人材
の待遇や働き方の環境整備もこれからどんどん必要になっていくでしょう。非
常に過酷な労働環境や不十分な人員体制で作られた場合、サービスやプログラ
ムの品質はもちろん、サスティナブルなものは期待ができないからです。ソー
スコードは知的財産なので基本的にプログラムの中身が見られなくなっていま
すし、本書ではその詳細は触れませんが、同じ動作をするものであってもコー
ドの書き方や実装上の工夫でそのサービスの動作スピードやその後の開発拡張
性、管理運用の安全性なども変わってきます。

　もちろんでは実績がないから素晴らしいサービスが作れないのか？　という
ことでは全くありませんし、少数でも素晴らしい開発チームは世の中にたくさ
んあります。しかし、その作っていく人材の具体的なレベルまでを見極めてい
くことはプログラミング自体が単に書けるだけではなく実装における全行程と
技術のカバレッジを広範囲に渡ってもっと深く理解していく必要性があり、非
常に難易度が高いわけです。よって、そこだけではなく、どういった人たちが
どういう体制、どういう管理下で実装しているのか、作っていくのかというこ
とまでつまびらかにしながらデジタルテクノロジーを精査していく必要があり
ます。こういう視点が抜けたまま、全てのノウハウや技術が漏れたまま、筒抜
けになり終わってしまったスタートアップをたくさん知っています。

　やや、長くなったのですが、ニュースでもシステムトラブルや個人情報の漏
洩や扱いなどで問題になる企業が多数出ています。デジタルテクノロジーが便
利で浸透してきたからこそ、リスクや課題も同時に浮き彫りになっていること
が伝われば幸いです。

図 1-1	デジタルテクノロジーを取り巻く経営リスク

ユーザービリティの 未精査	セキュリティリスク	データの主権 説明責任の曖昧さ	人材・労働環境問題 評価能力不足

デジタルを使った 施策自体の 導入失敗	サイバーテロ 意図しない 情報漏洩	事故発生時や データ流用の 責任問題	サービスや プログラムの 品質担保失敗 人材流出

　これらそれぞれの課題が、すべて本が1冊以上書けてしまうような非常にヘビーなテーマではありますが、デジタルテクノロジーが急速に発展していく背景で発生した社会的なひずみによる課題に対応して、図1-1のような評価分析観点もあるのだということをご理解ください。本書でもチェックポイントについては、第4章や第5章の中でまとめています。

（3）ポイント③：世界を動かすテックベンチャーの盛り上がり

　デジタルテクノロジーを重要視すべき背景の3つ目は、スタートアップのテクノロジーベンチャーの興隆です。既存の業界にある商慣習や競争環境自体をディスラプトして席巻するような画期的な新規サービスを生み出していく中で、デジタルテクノロジーが使われています。アドテク、フィンテック、エドテック、といった「業界名×テック」の造語を聞いたことがある方も多数いらっしゃると思います。

　この、業界×テックは、約15年前からあったものになりますが、それ自体も実は少しずつ変遷をしています。

　リーガルテック（法曹・士業の業界×テクノロジー）やインシュアランステック（保険×テクノロジー）においては、AIでディープラーニングにより複雑なデータへの理解・判断が機械でもできる技術が実用できるフェーズに

なってから発展し始めていますし、最近では、不動産テック、リテールテック、バイオテック、アグリテックなど、もともと単純にデジタルがすぐに介在しなくても成立するアナログ、リアルが重要な産業にもそういったデジタルテクノロジーとの融合を踏まえた接頭語がつくようになりました。詳細は第 2 章にて共有しますが、センシングや認識技術が発達した上でのインプットもそうですし、IoT や 3D プリンタなど、リアルへのアウトプットがあるサービスが実用として稼働できる技術が多数出てきたからです。正しくそのスタートアップや新興テクノロジーを見る目が、大切になるわけです。

　そういった中でデジタルテクノロジーを使ったスタートアップを見ていく上で、サービスやソリューションの内容への評価分析を除いた、重要な観点として、それが解決していく課題のインパクトの大きさと経営陣の器です。

　まずはインパクトです。社会をどのように変えるものなのか、インパクトを感じることも評価・分析の前提の上で重要になります。評価・分析をするという書籍の中であえて「感じる」という表現にしたのは、誤解を恐れずに申し上げてしまうと、そのデジタルテクノロジーが社会に与えるインパクトの詳細は、正確に理解する必要がないからです。皆さんがそのデジタルテクノロジーによって起業独立したり、筆者や、技術系の書籍・雑誌の記者さんのような、デジタルテクノロジーにキャリアの全てを賭けて扱ったり、正しく理解して発信すること自体が、使命として本業になっていたりする場合以外は別ですが、ユーザーとして決裁者として判断できる範囲で理解できればいいわけです。

　では、なぜこのインパクトを感じないといけないのかというと、そのテクノロジーをこのあとどれだけ深く評価分析すべきか目星をつけるようにするためです。一番大きな変数は、このあと次の項に出てくる自分の職場である会社や担当業務との距離感かもしれませんが、本当に全人類の生活や仕事を抜本的に変えるようなものに関しては、今の仕事や社会的な立場に関わらず、比較的深く知っていくことで自分の人生にとってプラスになっていきます。例えば「ブロックチェーン」を、「インターネットの次に起こったデジタルの産業革命だ」と思っている人と、「結局、サーバーやデータベースの代わりだろう」と考えている人では勉強する姿勢や得るべき知識が全く異なるからです。

　世界の大手企業で平成元年と平成30年の企業の時価総額を比較した図が有名になっておりましたが、平成元年には日本企業も多数ランクインしていたにも関わらず、平成30年には、先にご紹介したGAFAなど上位企業のほとんどがIT企業になっていることがありました。

　次に、そのスタートアップの経営陣および担当者の手腕の重要性です。社会人の基本的な事項はもちろんですが、デジタルテクノロジーは基本的に難しいものやわかりにくいものが多く、それを評価分析して活用していく上で、それを持っている会社で実際にそれを作って組織を取り回している人々が重要であるということです。

　日本ではソフトバンクグループの孫正義氏や楽天の三木谷浩史氏、メルカリの山田進太郎氏などが有名ですが、著名な日本のIT黎明期を作った彼らのインタビューや発表会、講演会などを聞くだけでもよくわかるのですが、全員、前提の社会構造を変えることがビジョンの最低ラインとして持っているわけです。経営者として当たり前の責任能力やコミュニケーション力は前提ですし、前述のリスク面もそうですが、何よりその市場ポテンシャルとその高いビジョンの視座がある経営陣がいる会社かどうか、それを見極めていくことがデジタルテクノロジーを評価・分析、延いてはその先の投資や事業としての判断をする上でも重要になっていくということです。

（4）　ポイント④：大手企業の新規事業開発の活性化

　最後の4つ目の背景は今度のスタートアップとは対照的に、大手企業の新規事業開発が活発になっていることです。日本経済全体の衰退で昨今、日本の大手企業の多くで、熱量は様々ですが、次の柱や時代を作るため、新規事業開発に力をいれる時代になっています。

　そういった企業内で新規事業やイノベーションを起こしていく存在を社内起業家としてアントレプレナーに対して「イントレプレナー（intrapreneur, 日本語で“a”の部分がaとeの間の発音なため、イントラプレナーとも読める）」と呼んでいます。そういったイントレプレナーは自社の事業として、新しい事業や車内変革を担うタネになるようなデジタルテクノロジーを見たとき

にまず「自分たちの新規事業のパーツとしてどう役に立つのか？」を考えることが大事になります。

　デジタルテクノロジーを見つけた時に、エンドユーザーやエンジニア、研究者といった主体の視点とは異なり、「自分の会社は〜という理念で△という戦略なので、こういったリソースを持っているから技術 A の特徴を生かすと、投資しながら販売すると、■の何％くらいだから、そうすると何億円くらいであれば、何年で、セールスパーソンが何人くらいいれば、何社くらい回れるから、このくらい稼げそうかな…」ということを考えることが大事です。エンドユーザーは「使えること」、エンジニアは「作れること」、研究者は「理論を証明すること」が手前のゴールになりますが、イントレプレナーは「自社で稼ぐこと」を見極めていく必要があるからです。

　もう 1 つ、ポイント③とも関連しますが、イントレプレナーとしての企業活動という観点でもベンチャースタートアップを見極めてデジタルテクノロジーを考えることは重要です。例えば、その中で、自社内のみで事業を起こすのではなく、自社のリソースも一部オープンにしながら、オープンイノベーションという手法を導入してベンチャースタートアップとの業務提携を行って新しい事業を作っていくのがトレンドになっています。アクセラレーションプログラムなどで、自社の社員およびベンチャースタートアップを育成してベンチャー市場へのレピュテーションをあげつつ、社員教育と同時に、未来の顧客や提携先および投資先としてのリードになるシード探しを行うことも増えています。

　スタートアップの大半は前項に記載の通り、デジタルテクノロジーを用いた事業をしているスタートアップがほとんどです。ビジネスとして、自社の困っていることにどうフィットするのか、自社が持っていないパーツとしてどういう提携関係が考えられるか、投資する際にシナジーがあるかなど自社の事業活動との関連性を見ていくことが重要になります。その場合、彼らの保有する技術はどのようなもので何に役に立ち、どういう経済的なメリットを持っていて、自社とはどのように組むことができそうかという観点で、事業として彼らを深く理解していくことが肝心になります。

　筆者もイントレプレナーの端くれとして、この大手企業で新規事業を担う立

場の人がデジタルテクノロジーをビジネスとして乗りこなしていく重要性をひしひしと感じています。そういった事業観点でデジタルテクノロジーを見ることが大手企業でも求められているのです。

（5）　ポイント⑤：持続的な発展のための経済性

　最後はとりまくプレイヤーとその持続性の観点です。

　前項で言及しましたが、デジタルテクノロジーに限らず、ある技術を用いた製品サービスにおいて、そのプレイヤーが存在しないと技術が成立しない（その技術が存在できない）関係者は、その技術を使用する（エンド）ユーザー、コアテクノロジーを作っているリサーチャー、そしてそれをプロダクトとして作る設計・生産者であるエンジニアです（図1-2）。

　それぞれのプレイヤーは目的が異なっています。ユーザーは自分のテーマのために使えることが目的ですし、リサーチャーは会社のため・社会のため・自分の研究成果のため、などと主語はいろいろありますが、サイエンスとしてその技術を探求することが目的です。エンジニアは最後、そのテクノロジーを設計して作って納品して運営して、などといろいろな工程を踏んで作ることが目的です。

　時折、リサーチャーとして研究をしながら製品制作も関与している人や、エ

図1-2 ┊ デジタルテクノロジーを取り巻くプレイヤー

●技術的にいないと成立しない関係者たち

| ユーザー | リサーチャー | エンジニア |

使えること　　　　　　探求すること　　　　　　作ること

皆、デジタルテクノロジーに向き合う大切な目的がそもそも違う

ンジニアでありながらそれをユーザーとしてもこよなく愛している人など、複数かぶることもあります。

　しかし、上記のプレイヤーだけだと経済的なサスティナビリティの観点が欠けてしまうわけです。リサーチャーの研究費は一体どこから出るのか？　エンジニアさんの制作費は誰が払い、制作環境は誰が作るのか？　彼らのお給料は誰が支払うのか？　などです。ユーザーもサービスを無料ではずっと使えないはずです。これも最初のうちは趣味での個人製作であったり、実験的にコストセンターということでもいいですし、興味関心というだけでやっていけるのですが、ある程度の規模や発展性を考えていくと、そうは言っていられなくなります。

　先のテクノロジーベンチャースタートアップでも、そういったビジネスモデルのつまづきや資金繰りの部分で、経営難になることがたくさんあります。最近の大きな国内の話でいえば、2019年春に自動衣類折り畳み機の製造で110億円を調達した上で22億7,100万円の営業損失を抱えて倒産した、セブンドリーマーズ社もそうですが、特に不正をしているというわけでは全くなくてテクノロジーとしては注目が集まっていて素晴らしいのものを仮に作っていたとしても、そういった継続性が難しくなる事例が多数出ています。

　上記のユーザー、リサーチャー、エンジニアは、テクノロジーを生み出し／作る／使うという関係者がプレイヤーとしてそろってそれが成立するのは必要条件であって、十分条件としてなんらかのサスティナビリティが必要になるわけです。

　技術を理解していく上で、ユーザー視点、エンジニアの視点、リサーチャーの視点は、それぞれ非常に重要ですが、ソースコードが書けなくても基礎理論を深くは理解できなくてもユーザーとして使っていなくても、そうやってそれと同じくらいビジネスとして継続性を担保する意味でも、事業者側のビジネスとして判断できる能力や目線が大切になるのです。

2. なぜデジタルテクノロジーが重要になるのか

　以上、5つの観点でデジタルテクノロジーを評価分析していく社会的な必要性や全体像が理解できたと思います（図1-3）。

| 図1-3 | デジタルテクノロジーを評価分析していく目的や前提となる課題感 |

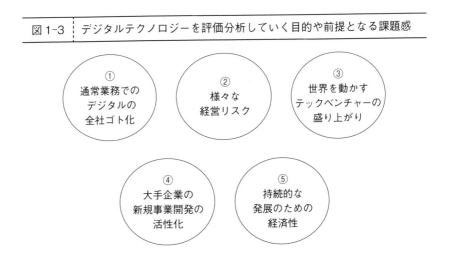

　やや釈迦に説法的な部分も多々あったかもしれませんが、そういったテーマ感を背景に、デジタルテクノロジーがさらに重要になってきていることを認識して、以降も一緒に考えていきたいと思います。

3.「デジタル」とはそもそも何か

　続いて、この第1章の後半として、デジタルテクノロジーの全般にわたって必要になるデジタルの基礎知識をインプットしていきたいと思います。

（1）　デジタルとアナログ、最大の違いは空間の違い

まずは「デジタル」という言葉の意味について考えていきたいと思います。

やや漠然とした質問になりますが、皆さんは「デジタルってなんですか？」と聞かれたら、何と答えますか？　本書でも「デジタル」という単語がここまででも相当な数で登場していますが、実はなんとなくはわかっていても深く考えてみたことがない人は多いのではないでしょうか。

辞書では「情報を０と１の数字の組み合わせ、あるいは、オンとオフで扱う方式。数値、文字、音声、画像などあらゆる物理的な量や状態をデジタルで表現できる。対義語はアナログ。アナログ信号をデジタルのデータに変換することをデジタイズという。（ASCII デジタル用語辞典）」と書かれています。

この意味に対して何か異議を申し立てることはありませんが、筆者は、「デジタル」の意味は「情報が存在する空間を変えて制約を取ること」だと考えています。今、私たちがいる空間（仮称：リアル空間）と違うところに、パソコンの中なり、デバイスなり、クラウドのメモリなり、情報が入るデジタル空間（仮称）があって、その中では違うメソドロジーで情報が入れるようになって

図1-4 ┊ 情報空間のイメージ

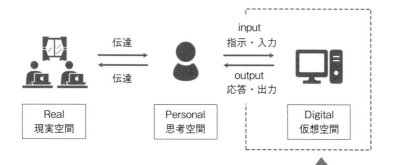

そもそもデジタル空間とは？

いて、それを出力したものをリアル空間からデバイスの画面や印刷物などに戻してみている、というようなとらえ方をしています（図1-4）。

　たまたま、その情報空間内の情報を書いておくメソドロジーが0と1になっているのだと考えています。しかし、今後も0と1という2進数だけでそのデジタル情報が表されるかどうかはわからないわけです。情報の量の制約もデジタルでは取れていきます。

　例えば、書籍は紙の枚数分の体積が必要ですが、Kindleなどの電子タブレットの中の電子本棚というデジタル空間には、そのデバイスの容量や格納のメソドロジーに沿って、本棚何個分もの情報をいれて画面から読むことができます。

　Webのニュースメディアも全て記事を紙にしたらとんでもない枚数になりますが、インターネットという電子空間から場所をURLというメソドロジーで特定して、スマートフォンの画面かパソコンの画面から読みだしているわけです（図1-5）。

図1-5 ┊ Kindleをこの図でとらえる場合のイメージ

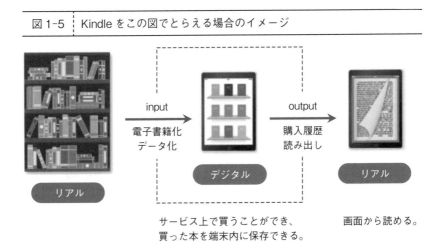

（出典：デジタルソリューションを乗りこなせ！ 新規事業開発との向き合い方 No.5　片山智弘　2019年　新規事業開発者のための、デジタルテクノロジーの「見極め方」
https://dentsu-ho.com/articles/6675）

　これらの例は、もともと私たちがいる空間が持てる情報の制限や制約をはるかに超えていて、違うメソドロジーで情報を読みだして表示しているともいえるでしょう。流れとして共通しているのは、ある情報を「入力」されて、その情報が「変換や計算・保存」されたものが、私たちが見れるように「出力」されているという流れです。例えば人がSNSで投稿したデータが入力され、その動画やアカウントにアップされたデータを最後にエンドユーザーが「出力」されているのを見ること、それが空間を行き来するということにほかならないわけです。

　広辞苑第7版でも先述と同様にデジタルを調べると、「デジタル【digital】ある量またはデータを、有限桁の数字列（例えば二進数）として表現すること」と書かれています。この定義も、ある量やデータはそのままアナログな私たちのいる空間では、急に2進数にならないので、誰かがそれをデジタル空間へ入力して2進数に変え、それを演算した結果を見える形で出力して表現しているということです。この辞書的な定義も今のデジタル空間の計算式が0と1をメソドロジーにしているのでこのように書かれているだけで、その文法や表示規則が変われば、意味が変わると考えています。

　今、筆者が原稿を打っているパソコンの中と筆者の脳内、それを出力している紙面、本書を読んでくれている読者の皆さんの脳内は、違う情報空間だということです。その情報を保存・管理・表示できる空間的な制約をクリアすることが「デジタル」であるということです。

　今は脳で考えている情報は脳の神経細胞の中にしか格納されていないので、その情報の制約の中でしか動いていないので脳は「デジタル」だとは言えませんが、ブレインマシーンインタフェース（脳の動作に応じて動くまたは脳へ電気信号で直接指示を送るシステム）が開発されると脳で考えたことをそのまま出力して違う情報空間へ変換して表示できるようになるので、脳からデジタル空間に出されるのを、それを格納するPC空間上に格納できるようになって、初めてデジタル化したということになるのです。情報が入っている場所は違う空間同士ではわからないわけです。

　昨今のバイオテクノロジーの発展でゲノムに一定の情報を格納して保存す

る技術がありますが、それは前述の定義に沿っていえば情報の表示出し入れや格納ができているので空間の制約を変えていく行為のため「デジタル」であるといえます。デジタル情報を保存するデバイスがスマートフォンやパソコンに刺すUSBやインターネット上のクラウド空間ではなく、生物の細胞になったというだけという考え方です。

　前書きでも触れましたが、このデジタルの性質を非常にうまく活かした技術およびそれで包含しているサービス総称して「デジタルテクノロジー」と本書では読んでいます。デジタルテクノロジーを考える上でもこの「入力」⇒「計算」⇒「出力」という一連の流れが全てにある、ということが重要なポイントになります。

（2）「デジタル」における情報の多次元への変換

　この一連の流れでの、もう1つの特徴は、このリアルやデジタルでの空間の行き来の際に、次元が変わるため多次元の処理ができるということです。ここ

図 1-6 ┊ 3D プリンタの例

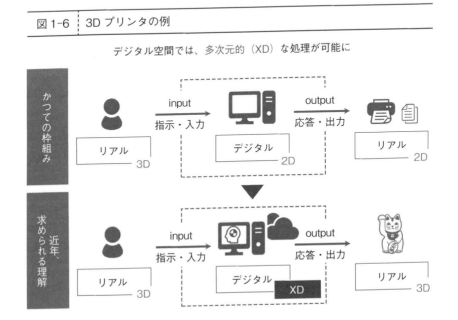

デジタル空間では、多次元的（XD）な処理が可能に

で次元といいますのは、線（1次元）、平面（2次元）、立体（3次元）、時間の変数（4次元）という一般的な定義と同義です。

　例えば3Dプリンタのように、最初はCADデータ（＝立体の情報を2次元で表した図）をインプットすると、アウトプットの次元はプラスチックの立体構造を持った物体がリアルにできるので3次元に変換されるということができます（図1-6）。

　最近流行ってきているブロックチェーン技術などで、トレーサビリティが発達したシステムと連携してワインセラーにセンサーを付けて物流を管理すれば、保存された時間の情報、位置だけではなく、味の変化も含めて、4次元的に情報を保存できるようにもなっていくことも一般的になるでしょう。デジタルファブリケーション（デジタルを活かしたモノづくりの総称）をワインに応用して、2000年前半にできたワインでもそのデータから2010年段階で、ワインセラーに正常に保存していたときの味や記憶を再現して出力し、今の味と比較するというようなこともできるかもしれません（図1-7）。

図1-7 ┊ ブロックチェーンでワインを保存する例

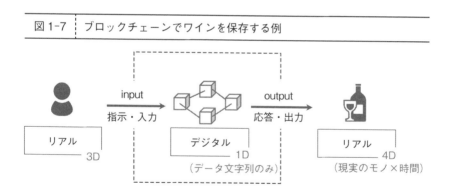

　こうしてデジタルで情報がある空間を行き来するときに、その情報がアウトプットの状態やインプットの状態で前後の空間と情報の次元が変わることができるという特徴があることをご理解ください。

　どんなに難易度の高いデジタルテクノロジーであっても、その本質が共通であることを念頭においておきましょう。

（3）インターネットは何でできているのか

　最後にデジタルテクノロジーを理解する前提として欠かせないインターネットについて考えてみましょう。

　先ほどのデジタル空間の概念を活かして考えるとインターネットについても同様にとらえることが可能です。インターネットネットワークというデジタル空間があり、そこに URL というメソドロジーで住所を作って、サーバーという家を建てて、そこにアクセスしていると考えることができます。

　インターネットにホームページを上げて更新する場合を、簡略化しながら説明します。

　まず、ホームページの基となる HTML ファイルというファイルをパソコンの中で生成します。

　次にそれを FFFTP などが有名ですがツールを用いてサーバーへ転送していきます。それがサーバー上にアップされたときにサーバーの住所である URL を入れて、ブラウザというソフトからアクセスすると、その HTML ファイルに書いた情報を読み込んでインターネットが見られる、という仕組みに

図1-8 ｜ インターネットのイメージ

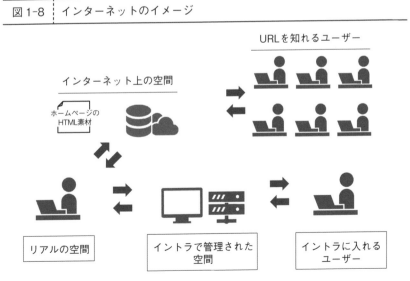

なっているわけです（図 1-8）。

　昨今話題のクラウドサーバーの環境や、イントラネットのシステムもこの
インターネット空間をちょっと応用して考えると簡単に理解することができま
す。イントラネットの情報空間はインターネット上の空間とは閉じていて、特
定の条件（IP アドレス（住所）や通信をする環境）でないと入れない空間と
いうように考えることができるのです。

　このように、我々が普段接しているインターネットも、その定義の中で抽象
度を上げて考えることが可能なことが理解できたと思います。

　昨今 IoT（アイオーティー、Internet of Things、モノのインターネット化）
であったり、MaaS（マース、Mobility as a service、移動体のサービス化）
という主に車がサービス化するという概念がありますが、これもインターネッ
ト空間へモノや自動車が、高速な電波環境や通信インフラ環境によってアクセ
スできるようになることで、デジタルとしての情報の授受が可能になることで
モノや車が本来持つ体験に対して、リアルタイムでサービスを掛け合わせるこ
とが期待されて今話題になっているわけです（図 1-9）。

　情報を入力するときの構造が、たまたま運転しているときに運転同乗者の音
声をスマートスピーカーに入れることがあったとしても、実はパソコンからイ
ンターネットを見るときや、スマートフォンで何かを申し込むときとほぼ同じ
構造であることがわかると思います。

　いきなり通信規格や接続の構造など、技術から考えると非常に難しくなって

図 1-9 ┆ MaaS や IoT とインターネット

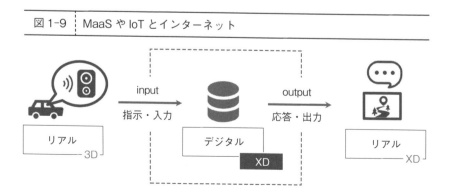

しまいますが、このようにこれまでのデジタル情報の空間の行き来という観点
で考えれば、特に同じものであるということが認識できたら幸いです。

　次章からは、そのテクノロジーを具体的にどう評価分析していくのかのパー
トに、本章の内容をベースにしながら確認していきます。

コラム プログラミング言語 ──────────────

　プログラミング言語は、本章で書いた「デジタル空間」の共通言語です。で
すので、Web サイト上ではないと読み込めないもの、スマートフォンアプリ
上ではないと読み込めないものなどがあります。プログラミングが学校で必修
化されていますが、皆さんの中には、まだまだなじみがない方も多いのではな
いでしょうか。

　全てのプログラミング言語を網羅するものではありませんが、以下のような
イメージを持ってとらえていくとわかりやすいと思いますので、まとめてみま
した（表1-3）。

表1-3 ┊ 大まかに制作するシステムとそれを作るための主要プログラミング言語

場所	代表的なプログラミング言語	できる動作例
ブラウザベース	HTML, CSS, Javascript	ホームページを表示する、レイアウトを整える、ブラウザで開いたときに動く
ウェブシステム開発	PHP, Ruby, Perl, Python	会員登録を行う、EC で購入を行う
データベース	SQL	会員のデータを動かす
サーバーバックエンド	GO	サーバーの処理に指示を出す
アプリケーションシステム	Java, cobol	パソコンでデスクトップで動くアプリを作る
スマートフォンアプリケーション	objective-c, swift, Java	スマートフォンで動く
Microsoft Office 内	VBA	マクロやデスクトップアプリケーションをシステム化する

　上記を見ていただくとよくわかると思いますが、Web 制作会社さんには、大規模なイントラネットのシステムは頼めないことが多いですし、大手のシステムインテグレータ（SIer）のような会社の PC の業務アプリケーションを構築するような会社には Web 制作などが合わないというのは、このスキルのエンジニアのバランスも一因しているというわけです。Web 制作会社さんにはアプリケーションシステムが作れるエンジニアさんが少なく、大手のシステムインテグレータにはブラウザベースのコーディングが精緻にできてかっこいいデザインを作ることができる人が少ないからです。

　また、同じ階層でワークする言語でも向き不向きや特徴があります。例えば、AI の機械学習の開発では、別の言語でもサイエンス分野に適したメソドロジーの実装や支援企業が多数出た歴史から Python が広く一般的に使われるようになっています。実際には PHP でもそれが動くようなシステムを組むことができないわけではないのです。これは医師の先生が患者のカルテをドイツ語で書くように習うのと似ています。

　こういったエンジニアリングスキルを一通り習得して、複層的にこなせるエンジニアを「フルスタックエンジニア」と呼んでおり、希少価値が高い人材になっています。

　最後に、プログラミング言語を学んでみることをお勧めします。最近では学校教育でもプログラミング教育が必修化していますし、プログラミング言語を学ぶスクールが経営される事業も多数あります。最近ではノーコードと言って、プログラミングが要らない手法もあるでしょうし、もちろん皆さんがエンジニアになる必要性はないのですが、デジタルテクノロジーの根幹を作っているものになりますので、書けることでその構造をさらにプログラムとしても考えることができるようになります。より世界が広がりますし、何より自分でアプリやサービスを作ってみる楽しさもあります。最近は学習がしやすいように簡易化されたプログラミング言語も存在します。理系か文系か、パソコンが好きかなど好き嫌いもあるかもしれませんが、ぜひチャレンジしてみてください。

第2章

デジタルテクノロジーの内容をとらえるフレームワーク

　第1章では、そもそもなぜデジタルテクノロジーが必要になるのか、そして、「デジタル」とは「インターネット」とは何かということを確認してきました。これらの前提を活かして、メインとなるデジタルテクノロジーの中身をとらえていくフレームワークを紹介します。

　デジタルテクノロジーの評価分析においては、具体的にソフトとハードに分けて、ソフトのソースコードや構造を分解して考える要素分解的な技術的なアプローチもありますが、実際には個々のパーツを見ていくことでは、そのビジネスとしての価値を正しく評価することは難しいと筆者は考えています。そのため、本書では、全体のサービスが持つ抽象度を上げてメタ化して考えることで大局をとらえていく全体論者の立場としてアプローチをとっていきます。

　あるデジタルテクノロジーまたはそれを用いたサービスがあるときに、その中身の構造を見極めるだけなら本章のフレームワークで充分になります。本書で最も重要になるフレームワークです。

1.　フレームワーク①：デジタルテクノロジーの構造マップ

　前章までの内容で、「デジタル」とは情報が入っている空間の行き来と、そのやりとりが多次元になることが重要になるという観点をご提示しましたが、それを応用したものになります。

　先述のデジタルの定義通りに、1つのデジタルテクノロジーの中で、情報を入れていく部分と、情報を管理・保存したり計算処理をしていく部分、情報が計算されて画面や数字、動きなどで出る部分、そしてそれが影響を受ける全体にかかる環境や手法・条件をポイントにして、4つに分けてこのように整理し

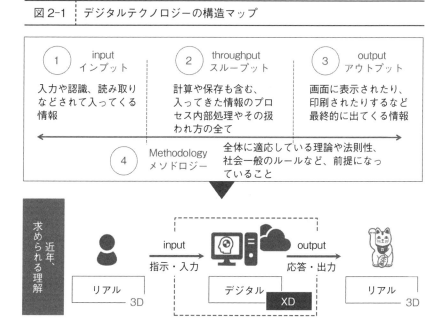

図 2-1 ｜ デジタルテクノロジーの構造マップ

て、「デジタルテクノロジーの構造マップ（仮称）」と呼んでいます。

　1つのデジタルテクノロジーを、先述に沿って「インプット／スループット／アウトプット／メソドロジー」の4パートに分けています（図 2-1）。

　インプットとは情報入力の部分、スループットはそのデジタル空間内で演算や計算をする部分、アウトプットはその情報を出力していく部分、メソドロジーはそのデジタルテクノロジー全体に適用される規則や理論、方法論です。

　基本的な書き方について簡単に説明します。インプットには、入力する情報の内容とその形式を記入します。例えば、氏名・年齢・性別をフォームで入れるといった具合です。

　スループットはそこでどういう処理が行われているかを記入します。例えば会員登録された、スコアが計算された、会員登録したデータを保存した、購入履歴として記録されたなど中で動いている処理を書きます。ただし、スループットの中身をいきなり判断するのは難しいので、アウトプットのほうから逆

算していきます。スループットはシステムでいうプログラミングして計算処理をしていく意味を表す「プロセス」という言葉の意味を含んでいますが、データを保持しているだけの場合もここに記入するためより広義のものになります。

　アウトプットにはインプットと同様に出てきた情報とその形式を記入します。例えば前章の例に出したCADデータを入れると、3次元で3Dプリントされたプラスチックとして出てきた。というアウトプットの場合はスループットには、「CADデータを読み込んで3Dに組み上げる」という記載になります。アウトプットが目にはリアルでは、見えないものであるときにもデータベース上で「購入された」という事実だけのときは、それを先に書いておきます。

　その後、最後にメソドロジーとして、デジタルファブリケーションという概念や、一般的に共通するルール、メソドロジーではないですが、全体に適用されている規則としての法則性や、通信環境など前提になる条件をどんどん書いておきます。

　具体的にどうやってとらえていくかというと、この空間になっている箱の中身の前後矢印のところで、何を〈インプット〉して動き、何が計算されて、何が〈アウトプット〉されるのか、この量的な変化と質的な変化を見ていくということで考えていきます。

　例えば、決済Webサービスがあるとき、決済情報をその決済アプリバーコードから読み取り、インプットとしてのQRコードでの金額情報を受け取って、それを本人の履歴に紐づけてから、そのアプリの中でのクレジットカードの情報を読み込んで〈スループット〉して、レジの履歴へそれがOKで無事決済できることをアウトプットとして返す、というような流れになります。アウトプットがなく、ただデータがたまっていくことや、ほぼインプットしなくても中の情報だけで計算を行うものや最初にインプットされた動きしかしないサービスも存在しますので、該当するものがない場合は空欄にしていきます。

　このフレームワークは、個々の事業者が持っているサービスに適用することもできますし、例えば「画像認識」「3Dプリンター」「VR」「量子コンピュータ」といった技術分野そのものへも応用が可能です。

　例えば、画像認識技術の技術一般を考えると、インプットされてきた画像に対して、その特徴量や内容を出していくというアウトプットの技術ですし、スループット時に複雑な計算する画像認識のサービスは、スループットとアウトプットが優れたサービスだと考えることができます（図2-2）。他の場所が全部空欄になるわけです。

図 2-2 ┊ 画像認識一般を考える場合

●画像認識（点群を認識するタイプの場合）

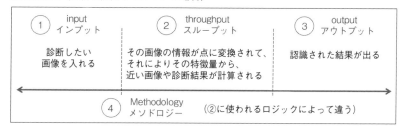

＊①インプットと③アウトプットは単に②スループットでの計算を入力・出力しているにすぎない。

　同様にして考えていくとAIは、中で計算するためのスループットの技術ですし、VRでは投影できる立体のコンテンツを入れていると3Dで再現できるという、出力が強い技術だと考えることができるからです。この図を使って、技術全般でもそのデジタルテクノロジーのどこがポイントでワークしているものなのか、ということを確認できるというわけです（図2-3）。

　このようにして、個々のテクノロジーの位置づけと本質を理解して、どんどん応用していきます。特にサービスの中の各要素を分解してから、その各パートについて、競合と比較したり、一般的な情報を検索して集めたり、具体的にどういうことなのか調べたり、課題が無いかなどを深掘りして分析していきます。

　このフレームワークこそ、冒頭ではありながらも、本書で最も重要でかつ、デジタルテクノロジーの本質になります。いくつかの例を考えながら理解をさらに深めていきたいと思います。

図2-3	AIとVRの例

●AI（教師あり学習という基となるデータが必要な機械学習の場合）

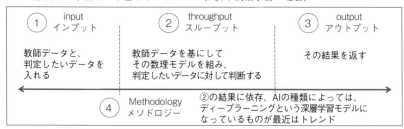

●VR

　ちなみに、このフレームワークは、例えば何か最新のプラスチック材料など、ハードで完結してしまう技術であったり、そもそも実体をインプットもアウトプットも図に書けないレベルでまったく把握することもできないものや、技術やサービスのアウトプットが何になるのか全く想定できないものに関しては、判断ができないものになっているので注意が必要です。この例のようなものは、デジタルテクノロジーとしてみたときは、そもそもビジネスとして考えることが難しいということでもあります。

　そして、このフレームワークは、1つ弱点があります。インプットやアウトプットの事実関係は把握できて、それがどの程度高度なのか、それが具体的にアウトプットされることでどうビジネスに使えるのかはこちらで考えていかないといけない部分があります。例えば、宇宙からの素粒子であるニュートリノを観測する技術を開発したことにより、日本でノーベル賞が受賞されました。これは世界的に見ても、非常に素晴らしいテクノロジーではあるものの、ま

だ、そのインプットの計器を見たことがない人間からすると、そのインプットが高度なのか、誰でも操作できるものなのかわかりません。アウトプットからニュートリノが観測できたとしても、ビジネスとしてみたときの経済価値が、現在は規定しにくいわけです。あくまでビジネスとしてみたい場合は、さらにそのための学習や開発が必要であるということを意味しています。技術的に精緻であったり高度であったりするサイエンスとしてのそのテクノロジーの素晴らしさと、あくまでエンドユーザーや決済者の経済的なベネフィットを考えた上での良さというところは隔たりがありうるということです。

（1）　コンピュータの一般概念

　図2-4は、コンピュータのシステム構成を説明する情報処理で出てくる図になります。これは前項でみたテクノロジー構造マップと非常に近い形をしているのがわかりますね。

　やや複雑に書かれていますが、入力と主記憶と出力の部分が同じです。補助記憶装置や周辺装置など装置一般として語られていますが、ここに全体の法則性やそれを操るメソドロジーをいれて各アプリケーションやテクノロジーの種類毎にそれを確認することができるわけです。

　実際には、コンピュータはスループットを分解すると演算と保存系も別になって必ず存在していますがデジタルテクノロジーの構造マップはこれを他のデジタルテクノロジーに応用したものになります。

　保存系がないものもありますし、入力出力が必ず情報であるとも限りません。それにメソドロジーや通信環境などを記載することで、可用性をあげて、さらに平易に全体像をとらえられるフレームワークにしています。

　デジタルテクノロジーの歴史はPCの前のワードプロセッサー、そしてその以前の文字の情報処理から始まったと言われていますが、黎明期から時代もデバイスもやりとりされる内容も全て変わっていますが、普遍的な情報のとらえ方は変わらないということが理解いただけたでしょうか。本書のデジタルテクノロジーの構造マップが、結果的にこのコンピュータの構造図とかなり近くなっているということです。

| 図2-4 | コンピュータの構造 |

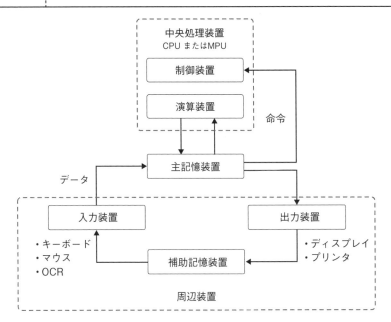

（2）　通信環境のとらえ方

　このフレームワークを使う上での補足すべき事項のもう1つ重要な点は、通信環境についてです。デジタルテクノロジーは基本的にそのデジタル情報を他のデバイス間やバーチャルネットワーク上で授受する場合は、それを仲介する電波が不可欠です。この電波環境をどのようにとらえていけばいいのかを補足します。

　まず電波の仕組みを説明します。そもそも電波は、テレビもスマートフォンのキャリアもインターネット回線も全て、配信している電波の種類や手法は違いますが、基本的には同じ仕組みです（図2-5）。各受信機が動作する決められた周波数があり、それに情報を乗せて運搬をしています。機器によって受信可能な周波数が決まっています。例えば、テレビでは、最近はインターネットに接続するネットテレビというものも出ていますが、それ以外は基本地上波という電波しか受信できないようになっていて、アンテナや受容する場所がない

場合はその電場を受けいれて通信ができなくなっているわけです。携帯電話通信キャリアでも電波塔を建てて、そこから発する電波で4GとかLTE、5Gといったように種類を分けています。

とにかく各表示するデバイス内に電波を受発信ができる仕組みを持っていて、やりとりしているのです。

本書で扱っているデジタルテクノロジーは全てその仕組みの上に立脚している部分について議論しているといっても過言ではありません。デジタルテクノロジーにとって電波環境は、空気のようなものだと思うといいと思います。

ですので、前項のフレームワーク上では、基本的には空気と同じように細かく取り扱ってもらう必要性がありません。ただし、普段と特殊な条件でしか動かない場合にはそれについて詳しく記入するためにメソドロジーのところに記入するとよいでしょう。

昨今、非常に注目を集めているのが、2020年には、次世代通信インフラとして5Gの開発がされています。5Gでしか動かないサービスなどであれば、

| 図2-5 | 電波と通信の仕組み |

●発信を行うと、近くの「基地局」に無線電波が届き、
　「交換局」を通して通話・データ通信が行われる

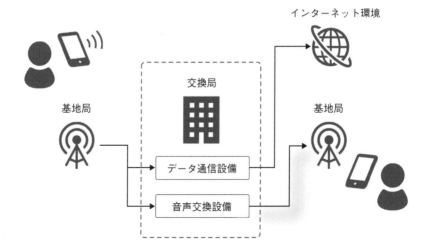

それを特色として記入してとらえるというわけです。また、イントラネットのサービスのように、あるネットワーク内でしか動かないようにする仕組みを活かしている場合も記入の必要があるでしょう。

　この通信環境の条件確認については、しばらくはあまり気にしなくていい評価・分析項目になるかもしれませんが、そのうち5Gと4Gで単に速さが変わるのは当然ですが、それだけではなく動き方や表示自体が異なるサービスが出てきたり、特定の電波環境下のみでしか動かないサービスも多数出てくると思います。VRや8K4Kのスマホ放送、高精細セキュリティなどがあると思っています。その意味も留意してもらえると幸いです。

（3）　この構造マップのフレームワークの活用例

　この項では、デジタルテクノロジーの構造マップのフレームワークの活用について、主にフィンテック（金融サービス）を例にいくつか取り上げさせていただきます。いくつかの類似サービスがありますので、イニシャル化または一般化したものにしてご説明します。

【例1：割り勘アプリの競合比較】

　まずは割り勘をスマートフォン上で行えるアプリのサービスについて考えたいと思います。これは割り勘したい金額を通知して、割り算の計算をして請求が飛ぶというものです。今回の構造マップを使ってAとBの競合比較をしてみましょう（図2-6）。

　インプットのところはAとBはほぼ同じデータを入れていることがわかります。ABどちらも幹事はWebのリンクを飛ばすこともできるので、アウトプットはどちらも便利になっていますので競争優位性はないので、ここまでは差がないようです。

　しかし、Aはアプリ中で仮想の世界的有名ブランドのプリペイドカードが電子発行されています。仮想のペイメントカードを持っているため、このカードブランドの特典、会員プログラムを使えるようになっています。これにより請求が飛ぶところでも、Aは請求が発生することでポイントが返ってきます。

図2-6 ┊ 割り勘アプリ A と B の比較図

●割り勘アプリの競合機能をそれぞれのアプリを開いて書いてみる

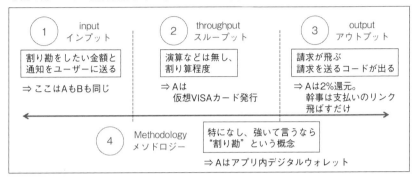

図中の ☐ 内は A、B 共通

メソトロジーとしてみたときも、普通の割り勘をデジタル化しているものではなくて、デジタルウォレットとして考えることができます。

　つまり、エンドユーザー視点で見たときには、このAとBについて、見た目は同じサービスなのですが、基本的な考えが全然違うものだとわかると思います。Aに勝ったという確証はないですし、様々な要因はありますが、本書を執筆中に実際にBはサービスが終了しました。

【例2：ブロックチェーンの仮想通貨取引所】

　続いて、ビットコイン等の暗号通貨をスマートフォンや PC 上から購入することができる仮想通貨取引のサービスがあるときの仕組みを考えてみましょう（図2-7）。

　仮想通貨の購入時の金額の変化や市場で取引を行うビッティングの仕組みは高度に見えます。しかし、今回このサービスを使っていくときのフローについて順を追って書いていくと、まずはマイナンバーなどの個人認証を入れて会員登録を済ませてから、その後に入金処理を行って仮想通貨を理解する命令を出すと、その仮想通貨の中身のいくら買いました、という決済情報がウォレットで管理されて、履歴がブロックチェーンに書き込まれる、という計算が起こ

図2-7 ┊ ブロックチェーンの仮想通貨取引所

●国内で許諾をもらっている仮想通貨取引所の一般的な特徴

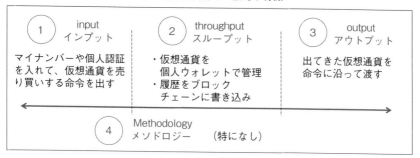

り、その後にウォレットの中身を見ると結果が見られます。

　これは他の証券や金融商品をそのアプリ上で購入することができるサービスと同じです。よって、このサービスは、構造上で考えると他の金融商品を電子売買する仕組みとほぼ同じで、商品が仮想通貨という新しいものであるだけになります。

　この後少し出てきますが、そうなると、構造は他の一般金融商品の電子取引サービスと同じで、ほぼ差別化要因がないため、あとはUXの使いやすさや、セキュリティ面や金融庁の認可の有無、保険やカスタマーサポートなどの安心を担保するサービスが実際に使っていく上での争点になります。ブランドとしての安心作りやマーケティングが重要であると考えることができます。

　どんな情報を入れて、どんな計算が行われて、何が戻ってきているかというように考えると、難しい技術でも構造がわかってきます。

【例3：フィンテックサービス】

　最後に、昨今も話題になっているAIやレコメンデーションの技術を使った金融資産の運用サービスを考えてみましょう。個人情報とお金を入れると勝手に運用してくれて、それがグラフで表示されるというデジタルロボットがAIで資産管理の計算をしてくれるというサービスを見てみます（図2-8）。

　ロジックを調べると、ブラックリッターマンモデルが出てきます。このモデ

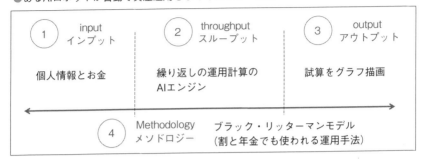

図2-8 ┊ AIによる資産運用サービス

●あるAIロボットが自動で資産運用をしてくれるサービス

ルを調べると、実は年金でも使われていることがわかります。ですので、その
サービスがもし年金と同じ債権を買っている場合は、年金と同じ動きをするか
なということがわかります。そこで今度は実際に購入されている対象を調べて
みる…といった具合に深掘りができるのです。

　以上、最重要なフレームワークである「デジタルテクノロジーの構造マッ
プ」について、例とともにご紹介しました。

　ここまででデジタルテクノロジーという技術の評価・分析・活用という書籍
でありながら、知らない単語が出てくることはあるものの、数式が1回も出て
きていないことがわかると思います。ビジネスとして構造を理解していくとい
う観点では、そういった基礎知識があるに越したことはもちろんないですし、
事業をさらに精査していく段階では必要なタイミングも来るかもしれません
が、数式がなくても起こっているサービスの事象から分析して考えることが可
能であるということを感じ取ってもらえたらうれしいです。

　ここから先は、このフレームワークを活かせてビジネスモデルや活用メリッ
トなど、経済性やベネフィットの特徴を洗い出すスキームやフレームをいくつ
か提示します。

2.　フレームワーク②：活用メリット 6 パターン

　次に、デジタルテクノロジーが持っているメリットについて考えます。この項目はビジネスの現場で導入検討の基本になりますし、逆に事業としてサービスやソリューションを作る場合はそのどのメリットのために行うものかエンドユーザーやクライアントへのセールス戦略やマーケティング戦略を考える上での中核になります。

　具体的には「この技術があることにより、エンドユーザーや決裁者にどういったメリットを提供できるのか」という点です。以下の 6 つの観点で考えていきます。

1.　**経済性**：この技術により、金銭や資産的に見て得をすることができるか
2.　**情報収容性**：この技術により、これまでより多くの情報を収容できるか
3.　**偶発性**：この技術により、新しい情報と出会うチャンスができるか
4.　**迅速性**：この技術により、スピードが上がるか
5.　**独自体験性**：この技術により、全く新しい体験ができるか
6.　**心理価値性**：この技術により、楽しくまたはうれしくなるか

　一般的な読み方を解説していきます。この 1. ～ 6. の便益について、デジタルテクノロジーある技術やサービスを見たときに表にベタ打ちする形で列記するだけでそれがどこへ貢献するのかを見いだすことが可能です。この 6 つの中にも重要なものとそうでないものがあります。まず、2. 4. は第 1 章に記した通り、デジタルの定義自体が空間の持つ情報の制約を取るものですので、デジタルでサービスを行う時点で達成される可能性がかなり高いものです。競合他社が参入してきた際にはあまり差別化のポイントにはならないでしょう。

　次に 1. 3. は技術的、事業的に工夫が必要なポイントです。1. は経済的にお得であるとユーザーやクライアントを納得させられる価値があるかどうか、そして、3. は ここにいると新しいサービスやレコメンデーションや情報価

値が受けられるかどうか。この2点はアナログなサービスでもビジネスの現場でのサービスデザインにおいても期待値の観点でも一般的に重要なポイントです。

　6. については課題の解決ではなく、楽しさや心地よさなどを提供するという項目です。例えば、AIがレコメンデーションをして新しい商品を進めてくることや、広告が消費者の履歴を追いかけているのがありありと見えると、その施策の善し悪しは全く関係なくなります。「気持ちが悪い」と思うことが、心理的な価値を毀損している例になります。逆に、ゲームやアトラクションをデジタルテクノロジーによって実装している例は多々ありますが、ああいったものは課題を解決するのではなく、その楽しさにより価値が出ているということです。この項目も、サービスの目的によっては重要になりますし、ロジックなども変わってくるかもしれませんが、利便性を提供して課題を解決するものかそうではないかで変数として重く見るかどうかは変わってきます。

　これらの5. 以外の部分はデジタルテクノロジーのもともとの性質によっても少し重要度の重み付けが異なります。いくつかの項目ではメリットが皆無でも全く問題なく、他の競合と比較したときやエンドユーザーへのメリットを考えたときに最終的な制作目標が果たされていれば、その項目が重要ではなくなる場合があるということです。例えば、ロボットで特定の動作や処理を行うシステムを開発した場合、その動作以外で3. の情報偶発性が求められているわけでも6. の心理的な価値があるわけでもないので、その動作を安く24時間ずっと半自動での操作で動いていられるということに意味があることはなんとなくイメージできると思います。

　しかし、ほとんどのデジタルテクノロジーにおいては5. は最も重要です。5. があるとアナログだけではなく、デジタル化が一気に広がる価値と可能性があります。

　例えば図2-9のGoogleMapは、確かに「1. 経済性」の観点で見てもエンドユーザーは無料で地図が使えて、法人用に考えたときには、自社で航空写真やルートがある地図を開発・制作するよりは、大半の法人はGoogleの地図データにお金を払ってでも借りたほうが安いわけです。「2. 情報収容性」の観

点で見ても紙の地図よりも量も収容できています。「3.　偶発性」はもしかすると紙の地図でも周辺のおすすめスポットなどは書いてありますし、まだ紙とデジタルでもあまり変わらないかもしれません。

　「4.　迅速性」で見たときは、近くのスポットや海外のインターネット回線が不安定な観光地の徒歩圏内などであれば、旅行ガイドブックなどに付録でついている紙の地図のほうが便利だったりすることもあります。ただ、遠くの場所を調べるときは、その場所を入力すると世界中どこでも一気に見られるので迅速性もあがりますのでどちらが必ず優れていると言いにくい部分があります。

　しかし、何よりも、現在地から行きたい場所を入力すると、計算をしてそこまでの距離を徒歩、車、電車と、全部所要時間とルートを複数示してくれる機能があり、それが紙にはない体験価値としてキーになっています。最近ではそのスポットのレビューだけではなく予約をしたり連絡をする機能までついています。あまりにも遠かったりすると出ないこともありますし、そもそも登録されていない場所もたまにあったりしますのでパーフェクトではないですが、そ

図 2-9 ┊ Google Map

（出典：https://www.google.co.jp/maps/）

| 表 2-1 | Google Map のメリット |

1	経済性	基本的には生活者は無料、プレイスに登録すれば事業者も掲載無料
2	情報収容性	アプリケーションやWebサイトに紙の地図何冊分もの情報が収納できる
3	偶発性	スポットが写真やストリートビューで立体で解像度を上げて見られる
4	迅速性	名前、緯度・経度、現在地を特定してから素早い検索ができる
5	独自体験性	位置情報と目的地のルートを複数出し、何分で着くかが提案できる
6	心理価値性	紙の地図から比べると非常に強い便利さや目的地に着く方法を多面的に検索でき、心理的な安全性を感じる

れでも圧倒的に優れているので紙をリプレースできています（表2-1）。

　一方で、この6つの項目には、新規性や技術そのものの革新性などが書いていないことがわかります。この上記での価値がわからないものは、新しい発見であったり、理論としては画期的で素晴らしい場合でも、最終的にエンドユーザーへ便益を提供できないので、価値がわからないまましぼんでいく傾向があります。新しいということは有利であっても価値はないということです。

　このようにリアルに今存在するものを単にデジタル化しただけものではなく、デジタルになったからこそ、その提供形態が大きく変わることや全く違う体験になるものはエンドユーザーから受け入れられて非常に大きな普及につながることがあります。次章で記載予定のUXのパートにおいてもこの重要性について再確認していきます。

　このようにメリットを端的にまとめておくことで、「いったい何に役立つのだ？」といった会社の稟議などで出る基本的な質問にもわかりやすく答えていくことが可能です。

3.　フレームワーク③：ビジネスモデル4パターン

　次にデジタルテクノロジーを評価分析していく観点として、ビジネスモデルの分析があります。ただし、ビジネスモデルというのは、一般的な経営学やコンサルタントで著名な方々が、この項目に関しては多くの書籍に書いてあることでもあります。「この技術がどういうポイントでお金になるのか」ということを探るものですので、シンプルに把握したい場合に使うポイントだけここには記載します。

　デジタルテクノロジーのビジネスモデルを考えていく方法は、基本的には表2-2〜表2-5に示す4つの変数を掛け算にしていきます。複数のビジネスモデルが走っている場合は、その複数を表の中からピックアップして記入して提示していきます。

　それぞれ順を追って説明いたします。まず、取引形態です（表2-2）。デジタルテクノロジーを持っている事業者が買い手である法人へ課金をしていくのか、個人へ取引して課金をしていくのか、または個人間の取引や法人間の取引を仲介することで収益を得るのかそのお金の流れを見ていきます。

　次に、その取引の内容について、デジタルテクノロジーの中で収益を生んでいるポイントについて考えていきます（表2-3）。ハードの機械やデバイスの

表2-2 ┊ 取引形態

B to B	企業間取引
B to C	企業と消費者の取引
B to B to C	企業と消費者を仲介する取引
C to C	消費者同士を仲介する取引

＊B to BなどのBについては、法人一般および政府や公共機関なども含む。

表 2-3	収入源の種別

ハード収入	そのデジタルテクノロジーによって動いたり、動かしたりするハードのデバイスに対してお金をもらう
ソフトウェア収入	そのソフトウェアのアプリケーションをインストールしたりアップグレードすることなどでお金をもらう
コンテンツ収入	そのソフトウェア上のコンテンツから課金が走る仕組になっていてお金をもらう
広告収入	サービス内に広告が表示されており、それに対してお金をもらう
開発カスタマイズ収入	そのサービスを開発したり制作したり、カスタマイズすることでお金をもらう
サービス収入	そのデジタルテクノロジーを導入した後に、運用作業やカスタマーサービスなどを別で提供していて人的な部分でお金をもらう
コンサルティング収入	そのデジタルテクノロジーの導入前後にアドバイスであったり、ドキュメンテーションなどでの付加価値を生む人的な役務でお金をもらう
ライセンス収入	ソフトウェア収入と近いが、ライセンスとして貸与するという契約になっていてお金をもらう
手数料収入	取引を仲介する、または、何かのやりとりが発生した際に手数料としてお金をもらう。APIなどでリクエスト数で課金するものもこれに入れる
データ収入	そのソフトウェアに乗っているデータそのものをダウンロードしたり、他で使ったりすることでお金をもらう
OEM／ソースコード収入	構成する技術要素であるソースコードやSDK、ライブラリなど技術資産をそのまま提供することでお金をもらう

部分を課金しているのか（デジタルテクノロジーの場合、ソフトウェアは無料ということ）、ソフトウェアの部分を納品したり、インストールするときに収益を出しているのか、それともその導入に際してサービスやコンサルティングを収益にしているのか、コンテンツの利用権や知的財産権のライセンスを貸すこと自体を商売にしているのか、データを販売しているのか、OEMやソフトウェアのソースコード部分で課金しているのかなど、どこに価値があるか、モデルを見てとらえなおす部分が様々あります。

　そして、続いてその購入様式を考えていきます（表2-4）。スポットということでその都度課金をしていくのか、または継続的に課金がされていくのかを確認していきます。その際に、事前か事後か判定が難しいものや、都度課金のスポットの場合は、その課金されるスポットの頻度やタイミングがどこのフェーズになるのかを見極めていきます。

　最後に、そのお金がどこへ流れていくのかを確認していきます（表2-5）。その事業者に払ったときに、そのお金がそのサービスのために他の事業者にど

表2-4 ┊ 購入様式

都度購入 （スポット）	お金を払うタイミングは「事前／サービス提供中／事後／分割」それぞれあるが、デジタルテクノロジーの場合は事前決済で払われることが多い
継続購入 （サブスクリプション）	その各コンテンツなどではなく、サービスのメンバーシップやライセンスに対して定期的に課金されるものが多い。解約可能な期間が限定されていたり、いつまでに解約するかなどに制限もある

表2-5 ┊ 自社以外の払い先

技術／知財の提供元	部分的にでもテクノロジーや知財を他から提供してもらっているか
プラットフォーム参加者	役務や商品提供を行い、収益を一部受け渡す事業者がいるか
開発会社	開発や制作、運用を手伝っているパートナーがいるか

う流れているのか見える場合はそれも可視化して商流にしていきます。その部分に関しては、当該する事業者自体では価値が出せない部分だということが言えるため、評価分析を考えていく上でもそういった側面を見ていくことが重要です。

　そのフレームワークに沿って、4つのどれであるかを選択して、分析をしていきます。課金のポイントが複数ある場合は、その複数についてそれぞれ分析を行っていきます。

　例えば、ある勤怠管理を紙で打刻するところからデジタル化して入力画面で管理することで労働時間や残業時間を可視化／効率化するソフトウェアがあるときを考えてみましょう。

　その場合は、まず取引形態は法人へ課金するのでB to Bの企業間取引で、収入源の取り先は、この仕組みを貸し出すライセンス収入と、会社のイントラ

ネットシステムと連携する場合は、その連携開発の開発カスタマイズ収入、そしてその運用について自社でどうすると皆働きやすくなるのかアドバイスをするコンサルティング収入をもらっています。購入様式は最低3カ月契約の継続購入（サブスクリプション）で、自社以外の払い先やパートナーは販売代理店がいるので、彼らに20%ほどお金が行っているな…といった感じにそのデジタルテクノロジーのサービスにおいて、要素を分解することで課金されているポイントを判断できるのです。

　このデジタルテクノロジーを評価・分析していく目的が自社での購買や調達活動で、自分たちがエンドユーザーで使っていく場合は、上記の把握と買いたい技術の料金だけ確認すれば充分です。それを新規事業や投資判断していく場合は、その課金モデルを見極めた上で、今後の発展性と、この課金形式が経済面でも正当なものか、他の課金形式やサービスを今と追加で行うことでアップセルやクロスセルをして事業を拡大する機会が作れないのかどうかを見極めていくことが重要です。

　このフレームも競合との比較表を作ることはできると思いますし、さらに発展的に使うのであれば、他のビジネスモデルをそのまま掛け算で発想することも可能です。例えば、先ほどの勤怠管理システムサービスを、投資家や事業家の目線でいえば、「B to Bでその勤怠管理に関するコンサルティングをスポットで行って収入を得ていくのはどうだろうか？」であったり、むしろ、「B to B to Cでそのシステムを入れている従業員へ福利厚生で、ジムや休暇でホテルに安く泊まれるチケットを旅行会社と提携して事前にチケットを大量に仕入れておいて従業員さんの福利厚生強化にしながら事業者としては儲かる仕組みは作れないのだろうか？」など様々にビジネスモデルや収益をもらうポイントを調整しながら、考えることができると思います。

　筆者の経営しているセガ エックスディー社の例を見てみましょう。この会社はゲーミフィケーションを中心にゲームやエンタテインメントの力を活かしたデジタルサービスを、クライアントのキャンペーンや新規事業として提供することが現段階ではメインの会社です。

　この会社は、現在は通常の受発注形式またはレベニューシェア形式で、上記

を企画段階とプロトタイプ制作と本納品と運用で4段階に分けながら課金提供を行っています。

　取引形態は一番のメインはB to B、収入源の取り先はそうなると企画時のコンサルティング収入と企画後のサービス収入、そして開発カスタマイズ収入です。購入様式は企画から本納品までは都度購入（スポット）、納品時に支払いで、サービスとして運用を頼む場合は月次購入のサブスクリプションで3〜6か月単位での契約更新型。自社以外の払い先は案件によっては完全に内製なのでありませんが、規模が大きくなる場合は、開発会社、コンテンツ制作会社（動画などの制作）、声優などのアサイン事務所、セガの他のグループ会社に支払いがあることがわかります。プロセスを分解して、そこに充てられるビジネスモデルをいれるとそのように考えることができるというわけです。

　しかし、今後、例えばゲームエンジンとしてそのゲームをもっと簡単に作ったりできるソフトウェア部分で課金を行ったり、エンドユーザーが課金できるような仕組みをゲーム内に実装することなどもできると思いますし、YouTuberの事務所と提携してこれまでにはないコンテンツを提供できる仕組みを作っていくとかそういうこともできると思います。

　そのように、新しい収益モデルを追加して、課金できるチャンスを会社として増やしていくことが、事業を大きくしていく上で重要なアライアンス戦略の1つになります。

4．デジタルテクノロジーの評価・分析の第一歩

　ここまでは、まずは、そのデジタルテクノロジーがどういう構造をしていて、そしてそれはどのようなメリットがあり、そのサービスはどうやってお金を稼いでいるか（＝購入目線では何にお金を払っているのか）を見る方法を提示しました。

　この3つのフレームワークを使っていくだけでも、大まかにはどのようなところにサービスとしてのポイントがあるのかをつかむことができます。

　また、この分析は、ITの技術的なことがわからなくても、エンドユーザー

として試しに使ってみたり、使っている人に質問をヒアリングしたり、事業者に問い合わせて質問をしていけば教えてもらえる情報だけでできているので、それだけでもオーバービューを考えられるのだということを理解いただけると思います。顕在化している部分だけでデジタルテクノロジーの事業を考えることができるというわけです。

コラム **AI（人工知能）の定義とデジタルテクノロジーによくある時代の変遷**

先ほどのデジタルテクノロジーの構造マップの例で、AI の例を出してみましたが、AI は非常にインパクトがあり注目すべきテクノロジーです。昨今は第 3 次 AI ブームと呼ばれていて、ニューラルネットワークという人間の脳に模したような仕組みをプログラミングで作ることのパラダイムシフトが起こり、それによって変化が起きています。

読者の皆さんの中には AI の活用は最近出てきたイメージが強い方もいらっしゃるかもしれませんが、AI の原型は実は 1950 年代には既にできています。しかし、その上でも時代の潮流に乗って在り方が非常に大きく変化しています。

AI は過去にもエキスパートシステムの活用や 2 度目のブームが来たり、落ちぶれたりして何度か乱高下していたりします。通常のデジタルテクノロジー以外の製品やサービスは、流行ったのちに廃れていったり、復刻版として、あまり大きなリニューアルは入れずにそのままを楽しむもので復活することがほとんどだと思います。

しかし、デジタルテクノロジーの場合は、全く違うアレンジや存在・構造で復活するということが AI 以外にも実はよくあります。テクノロジーのトレンドを表すガートナーのハイプ・サイクルは非常に有名ですが、この通りに全てがこのように動いているわけではないのです。

そして、AI は実は未だに公式な定義が存在していない領域でもあります。意外に思われるかもしれませんが、実はそういったルールが不定形なデジタルテクノロジーやメソドロジーは多数あります。こんなに皆単語として発しているものの、意味自体がまだしっかり定まっていないわけです。

このときに重要になるのは課題や方向性の「提起力」です。高校までの科目

教育は答えを探す教育が多いため、なかなか実感がないかもしれませんが、自分自身で課題提起をする力、もっというと、答えそのものを疑う力が非常に重要になっています。AIもニューラルネットワークというそれまで積み上げていたエキスパートシステムまでの流れとは基本的に異なる全く違うアプローチを生み出したからこそ、昨今のAIブームがあるのです。

　デジタルテクノロジーには、まだまだこれから発展していくものや変わっていく部分が多々あります。その変化を楽しみながら業務ができる人が向いている職業であるといえるでしょう。

筆者はAIを学習するサービスを提供するスタートアップであるアイデミーと共同で、講座を行っています。より詳しく学習したい方は、オンラインAI学習サービスAidemyの講座にて「オープンイノベーションのためのAIリテラシー講座」を是非ご覧ください（図2-10）。

図2-10 ┊ オープンイノベーションのためのAIリテラシー講座の講義紹介画面

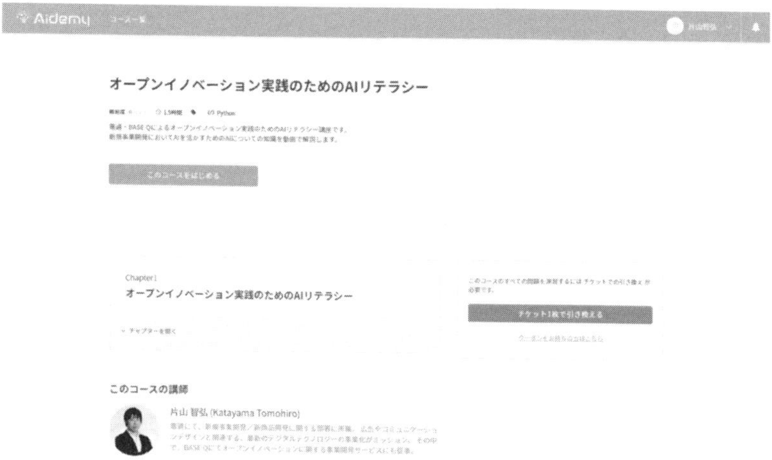

第3章
デジタルテクノロジーの体験価値と測定

1. デジタルテクノロジーにおける UI/UX の重要性

前章は構造を理解していく上でのポイントを考えていくというものでした。続いての本章では、デジタルテクノロジー（を用いたサービス）を評価・分析していく上で欠かせない観点の1つである UX（読み：ユーエックス、ユーザーエクスペリエンス）について深掘りしていきます。

UX という単語自体は皆さんも聞いたことがあるのではないでしょうか。UX はデジタルテクノロジーに限らず、一般的にもビジネスを分析や考案していく上で非常に重要な概念になりますが、デジタルテクノロジーにとっても、構造理解のために第2章で示したフレームワークの次に、実は評価・分析目線において重要になるポイントになっています。

昨今の IT の発展によって、技術がどんどん実装しやすくなり、量産や模倣が簡単になり、それによりサービスやアウトプットがコモディティ化していく傾向にあるため、模倣困難なものを作りだすことが難しくなっているからこそ、最後の勝敗がそのサービスにおける UX の価値において独自性があるかどうかで決めるというわけです。

また、ビジネスとして、あるいはサービスとして社会にインパクトを残しているデジタルサービスは、前章のフレームワークとも絡みますが必ずこれまでにない競合に対して比較しても優れた体験価値・心的価値を提供しています。ビジネスにとって重要なことは、エンドユーザーが使うからお金が集まり、持続可能性が担保されるということは、言うまでもないことです。

例えば、メッセンジャーアプリである LINE は日本国内市場で圧倒的な首

位にありますが、主要な機能面を技術的に見ていくだけでいえば、友人管理、トーク、スタンプ、通話、タイムライン、ポイント、オプションになるニュースやゲーム、決済といった形で、ほぼ同じ機能がある競合他社は国内外問わず世界中でも存在していたにも関わらず、LINE が首位になっています。

　もちろん広告費がそもそも違ったのでは？　という点や、各アプリ事業者たちの事業参入のタイミングであったり、その企業内の事業優先順位において他の事業を先に出していくということがあったり、劣る点があるから何か負けてしまったのではないかなど、必ずしも 100％要因が UX だけになるかというとそうではないですし、他にも気になる点はあると思います。

　しかし、筆者は少なくとも日本国内では、LINE の勝因はデジタルテクノロジーにおける技術要件で勝敗が決したというわけではないと考えています。多数のサービスがある中で機能同士の優先順位がエンドユーザー目線でもわかる UI 使い勝手のいいインターフェースや、LINE の公式キャラクターのコンテンツ戦略、ゲーム部分での充実やスタンプエコノミーの生成といった to C への UX を高める発想と、to B への企業公式アカウントでの拡張性や広告商品の充実、LINE Business Connect をはじめとするパートナープログラムの作り方など、ビジネス面での法人側への体験価値の充実を両立させることで、法人目線でも UX 的に優れたポジションを獲得したからに他なりません。筆者の所属する電通も LINE とやりとりをする専門部署が複数ある状態で、会社にとっても特別な位置づけになっていますし、Yahoo! Japan と LINE の提携・統合発表は世間をにぎわせています。

　本章では、評価・分析対象のデジタルテクノロジーの心的価値と体験価値をとにかく理解していくため、UX の整理するポイントを中心的にご紹介していきますので、それを理解してもらいつつ、ブランディングや、サービスのどこの部分の会話をしているのか構造の話ともリンクする階層性をおさえるためのポイントをここでは紹介していきます。

　ただし、UX をチェックする場合は、抽象度を上げてしまうとうまく分析ができない側面があります。ですので、例えば「ブロックチェーン」であったり、「量子コンピュータ」といったようなテクノロジー分野そのものを見るた

めには、漠然とした理解しかできないため使用できないことが多いです。その技術が使われた、各社のあくまでサービスやソリューションの全体像を評価するためにあるので、その点は注意していきましょう。

（1）UX とは何か？

まず UX を考えていくにあたって、第 1 章で「デジタル」の定義について述べたのと同様に、まず UX とは何かについて考えてみましょう。

UX の意味は現在も議論されて続けていて、様々な人がその意味を定義していますし、方法論も多数生まれています。UX は ISO（国際標準化機構、International Organization for Standardization）が「製品、システム、サービスの利用および予期された利用のどちらかまたは両方の帰結としての人の知覚と反応」と定義しており、過去にすでに定義付けを行っていますが、先ほどのコラム「AI（人工知能）の定義とデジタルテクノロジーによくある時代の変遷」のようなご紹介した例にもれず、ISO の意味だけではなく、現在でも新しい定義が出続けるくらい様々な解釈や意味付けが必要になる言葉です。

本書の場合、他の項目では、すでに一般化されたものがある際には詳細の部分は他書にゆだねていますが、UX に関しては、この解釈を損なうとデジタルテクノロジーを全く正しく評価できなくなってしまうくらい大きな変数であるため、ここでは筆者の行っている定義をご紹介してやり方も詳しくご紹介していこうと思います。

UX の意味付けは狭義の意味と広義の意味に分かれています（図 3-1）。

まず、狭義の意味では、単純にユーザーエクスペリエンスの略語から考えて、「サービスセッションの一連の体験から得られる印象や雰囲気、価値、総称」という形で、丁寧に言い直したものがそのまま定義になることが一般的です。辞書や ISO の標準的な標記でもそういった書き方になっていると思います。

しかし、その UX が扱い、影響を与えていく対象をより広義的に規定していくと、UX を体験するエンドユーザーと提供している主体者にどちらも期待している内容であること、そしてそれがサービスを受ける事前と事後での変化

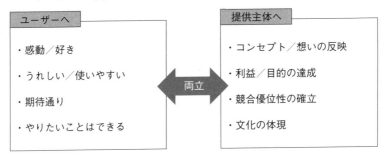

| 図 3-1 | 筆者が広義で定義する UX |

●総称としての定義（狭義）：辞書的な意味

ユーザーがサービス接触での一連の体験から得られる印象や雰囲気、価値の総称

●UX設計のゴールとして目指すところを加味した定義（広義）

デザインや設計のゴールとして、ユーザーとそのサービス主体、双方のサービスへの満足を目指すことまで含める

ユーザーへ
・感動／好き
・うれしい／使いやすい
・期待通り
・やりたいことはできる

両立

提供主体へ
・コンセプト／想いの反映
・利益／目的の達成
・競合優位性の確立
・文化の体現

こそが UX を考える上で重要であるという観点を入れること、が定義の拡大にはあげられます。

　ISO の国際基準ですら検索エンジンがトップに出さないで誤認するくらい議論が分かれています。それほどに、この定義は揺れていて非常に難しいものなのです。

　このように、関係者のサービスにおける前後の期待値変化まで体験の中で変わるということを考えると、一連の体験活動というだけではなく様々な経済的な意味付けを持った言葉になっていることが改めてわかると思います。

　デジタルテクノロジーではありませんが、UX の違いをよくチョコレートの例に出して説明をします。材料はほぼ同じカカオ濃度の「ビターなチョコレート」を1つ考えてみても、お得でたくさん入っていて家族や業務用に大量に出したいときのチョコレートと、カカオたっぷりの健康志向を謳うチョコレートと、有名ブランドのパッケージを強調して王道感を出したいチョコレートも、高級な紅茶などと合わせてラグジュアリーな空間で楽しむチョコレートも、仮

に材料はかなり似ていても、そのパッケージデザインや売り場での置かれ方、価格や形状、広告のされ方まで全然違うものになることが簡単に想像できると思います。UX が違うということは、そういうサービスやプロダクト全体に関わる体験を理解するということなのです。

　テクノロジーとして優れているかどうかや構造としてどのような仕組みになっているのかを前章の構造マップやビジネスモデル、メリットを見て概略をつかむことで理解することができます。しかし、その個々の体験を紐解く UX についてこの広義的な解釈をベースに、本書では UX を考えてデジタルテクノロジーの評価・分析に充てています。

（2）UX の確認項目

　デジタルテクノロジーを評価・分析していく上で、先ほどの2章の構造を整理するフレームは情報の授受を整理したということなので、それが「体験価値としてどれだけいいものか」ということを改めて整理することの重要性を先ほどの前項で確認していきました。ここからは具体的にどういう項目でそのデジタルテクノロジーの UX を見たらいいかを確認していきます。

　UX を見ていくときは実際に接点になる UI（ユーザーインターフェース、ユーザーが見える部分、接点になる部分）とセットで、UI/UX（ユーアイユーエックス、UI と UX をセットでいう）をデザインしていく、あるいは、その内容を理解していくというやり方をしていきます。筆者の経験から、おおまかな全体像は決まっています（図3-2）。

　この設計の作業フローとしては、UI/UX と略語としては UI から順番に言いながら、一般的には UI は UX が決まっていると簡単に決まりやすくなりますので、UX をデザインしてから UI を考えていくことです。体験価値を規定してからサービスを考えていくからです。

　しかし、UX または UI のこの全体像の中で「ここからやれそうかな」と思ったら、そこから考えてもいいのです。本書では順番として UX の上から順にやり方を紹介していきますが、この両方の中で必ずここからやらなくてはいけないという順番はありません。

図 3-2 UI/UX の全体像

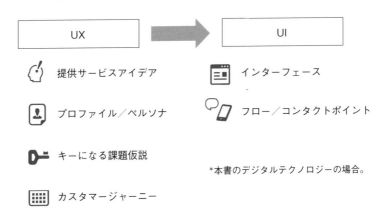

●UI/UXそれぞれで、整理する大まかな要素は決まっている

特に、デザイナーやアートディレクター、クリエーターなど元々制作したアウトプットから発想していく思考方法の方々には、逆に UI からでもいいと思います。特にこういったデザイン制作に深くかかわっている方々は、先に画面のデザインへの右脳的な感覚から入ってから深部の分析をしていったほうがいいですし、フロント側をよく作っているエンジニアや、経験が長いテスターやデバッカーなども、実際にデジタルテクノロジーの使われているアプリケーションを立ち上げたり、制作から入って動かしてみて、そこのフローからUI/UX を考える評価ポイント全体へ広げていけばいいわけです。筆者自身も画面の構成やクリックする流れから連想することがかなりの頻度であります。

（3） UX 設計の筆者の考え方

　UX の構成要素としては、提供サービスのアイデアと、プロファイルおよびカスタマージャーニーがあって、それに対してキーになる課題仮説があります。デジタルテクノロジーに最適化して考えていく場合のものなので、一般的な UX の書籍とは少し違うアプローチになりますが、本質的な体験価値をこの 4 つの要素を整理することで評価分析をしていきます。それをわかりやすく

以降の観点で調べていきます。

　まずは、提供サービスの「アイデア」については、UX というより、これから UX を考える上でその対象になっているデジタルテクノロジーを用いられたサービスの内容を洗い出すものです。特に書き方に指定はありませんので、ベタですが、筆者は 5W1H ＋一言でまとめます。いつどこで(When+Where)、誰を対象に（Who）、なぜ（Why）、何を（What）、どのように（How）提供していくかを列記していき、それを一言でいう形にしていきます。

　これらを活かして少し順番を変えながら、①どういうユーザーが、②どういう目的があって、③どんな時・場所で、④どういうコストを払って、⑤なぜ使うのか？ をまとめていきます。

　この中では⑤が圧倒的に重要です。①〜④のストーリーの中で、⑤に帰結するシナリオが書けるデジタルテクノロジーを決裁者は導入すべき／事業者は投資や事業強化をすべきであるといえるわけです。

　筆者が過去に開発責任者として携わっていた電子雑誌サービスのマガストア（https://www.magastore.jp/）を例に考えてみましょう。

　マガストアは、iOS, Android のスマホアプリとタブレットアプリ、Windows 7 や Web サイトで、電波がなくてもいつでも、雑誌を読んだことがあり自分の電子端末で読みたいスマホやタブレットを持っている中高年層をメインターゲットに、ストアとビューワーをセットにした形で、雑誌に特化した電子書籍に合うビューワーと販売日をできるだけ遅らせない配信体制、そして出版社さんと事業主の関係を活かした限定キャンペーンを使うことで提供しているといえます。一言でいえば「国内最大級の雑誌数がある電子雑誌サービス」そして、PC、スマホ、タブレット全てに最適化されており、上記の OS でのアプリも複数出ているので「ほぼどのデバイスでも電子雑誌が同じ体験で読める」という付加価値を持っていると整理できます。

　これは第7章の事業開発プロセスでの事業の「アイデア出しフェーズ」とも関連していますので、必ず押さえていきましょう。つまり、あるサービスの UX を評価分析して解析する行為と、実際に事業を考える上でサービスを発想するときに発送して具体化をしていく流れと枠組みは同じであるということで

す。

　次にプロファイリングです。プロファイリングとは実際に利用しているユーザーの属性データの集まりを指しますが、プロファイリングとは、それを使って利用しそうなターゲットになるエンドユーザーおよび課金する決裁者を可視化する行為そのものを指します（図3-3）。

　その可視化の中で取りうる情報を整理して提示していきます。男女や性別、年代といった属性情報と「〜が好き」「他にどういうメディアを見ているか」といったサービスの体験を考えていく上での価値観情報を集めて提示するのが一般的で、「ペルソナ」と呼ばれています。

　「課題」というとマイナスなイメージになりますが、逆にそれが課題ではなく楽しさや快適さなどを求めることであれば「目的」などに置き換えてもいいと思います。例えばSNSや音楽などであれば「楽しい」という体験になります。

　その上で次のステップが、カスタマージャーニーを考えていくというものです。カスタマージャーニーとは、そのプロファイルにあたるユーザーが一連のサービス体験をしていく中で、その初めの認知・興味、その後の購買と、課金の後の紹介まで、サービスを最初に知ってから最後までどういう関係でいるかをまとめていくフローを体系的に理解していくことです。それをまとめたドキュメント資料を、カスタマージャーニーマップといい、マーケティングにおけるターゲットとなる設計をしていく上でも基本になっています（図3-4）。

　カスタマージャーニーの書き方としては、まず初めに、そのデジタルテクノロジーとエンドユーザーが向き合っていくときに抱く感情および行動を横軸にフェーズとして記入します。感情および行動の例としては、「認知」「興味関心」といったサービスのとの接点になりそうな気持ちや、「会員登録」「購入」「初回利用」などといった行動がわかるものなどを使い、その一連の流れを時系列でまとめられるようにフェーズにわかりやすいタイトルをつけていきます。

　一般的には、「認知 ⇒ 興味・関心 ⇒ 理解 ⇒ 購入 ⇒ 紹介・拡散や再購入」といった流れや、AIDMAといわれる動きや、興味関心の後に「検索」など

図 3-3	プロファイリングの実際のイメージ（リフォームのマッチングサイトサービスで実際に作成した例）

女性／30代後半〜40代前半／主婦・パート／東京都在住

- 夫は大企業のサラリーマン、本人はパートだが世帯年収は750〜800万円。
- 子供は小学生の兄妹が2人。大きくなってきたがまだかわいい。
- 結婚と同時にマイホームのマンションを購入。
- 服も家も料理もなんでも、それなりのこだわりがあって生きている。家事スキルも高いほうだと思う。
- 世間的には結構いい暮らしをしているほうであると思っている。プライドも若干高め。
- パート同士、友人同士の情報交換も活発。LINEは使っていて、夫にもインストールさせた。

●今の住居 ・マンション ・築10年強	建売のマンションを見に行って購入。細かい点は言いたいことがあるがおおよそ気に入っている。 ・結構いろいろ何件も見て買ったので、割と自分の要望が通って気に入ってはいる。 ・ただ、「強いて言えば〜」と考えると改善したい場所がいっぱいある。結婚の際に若干浮かれていたかもしれない。 ・これまでは本来、築浅新築主義なので、10年も経つと時間が経ったなと思う。 ・子供が部屋を汚すので結構掃除が大変だ。
●リフォーム 対象 ・メイン：キッチン水回り ・サブ：部屋間取り デザイン・機能重視	本人もこだわりも強いし、子供も大きくなってきて自分の部屋が欲しいと言い出した。 ・キッチンが実際に住んでみて気になる。 ・約10年経って水垢も全部もう1回きれいにしたい。 ・キッチンの棚などの配置も個人的には使いにくいと思っている。 ・デザインも気になる。もっと明るい感じにしたい気がする。 ・子供部屋は、今大規模なリフォームをする余裕はないが、ドアを付けたり間取りの一部を切りなおして部屋にしてあげようと思っている。
●情報収集 ・パートの井戸端会議 ・雑誌 ・ITリテラシーは低いが、必要に応じて積極的	主な情報源は別にあるが、結果的にWEBを使う ・まだ友人やパートにも経験者が少ないのであまり有益な情報が正直ない。 ・SNSは友人に言われてやってみたが全然見ていないし、最近の若い子みたいにインスタグラムやTwitterで検索するようなリテラシーはない。 ・たまに読んでいる雑誌はそもそもファッション誌なので、全然リフォームに関しての記事はないので、その対象ではない。 ・夫も日中は仕事で忙しいので、育児の合間などに最終的にPCやスマホでググりながら調べていくことになりそうだ。
●利用サービス ・サービスA ・サービスB ＊名前を意識せず、結果的に使っている	とにかく検索していく中で出会うものを調べている。 ・「リフォームキッチン」「キッチン水回り改修」など、検索して上に出てくるものをどんどんアクセスしている。 ・結果的にリフォームガイドの競合やウェブメディアの記事を見てインプットして知識を付けていく。失敗事例も目に付く。 ・しつこいセールスが怖いし、自宅なども教えたくないので、サービス利用は結構慎重にやっているが結果的にたくさん問い合わせてしまう。

が来る AISAS モデルを横軸に入れながら解説することが有名です。次にその各フェーズの下段に、縦軸にそのときにどういう気持ちになっているのかを記入します。To B ならリピートしてどういった形で再購入につなげられるか、To C なら、紹介してそのバイラルの中でどうやって広められるかを考えていきます。読者の皆さんの中で有名な広告フレーズやキャラクターを持っている企業にお勤めの方はいないでしょうか。そういったレガシーアセットをちゃんと生かしながらマーケティングができることがあります。そういった具体的なアクションを枠内に記入していきます。

　ご自身や家族、親しい友人などがエンドユーザーになりうる場合は自分の考えうるステップを想像して洗い出すことで書けると思いますし、そうではない場合は、そのユーザーになる人、なりうる人へヒアリングを行っていき、その現実性や実用性を高めていくことが重要です。

　質問として、知りえたきっかけや購入動機とそのポイント、ステップ、その後のアップセル（追加での課金）や友人・同僚に紹介したかなど、とにかくカスタマージャーニーを書けるために、上記に書いたような、どういうステップで接触して、どういう行動をしていくのかを順番に聞いていき、解像度を上げていくわけです。

　あなた自身が一番のユーザーになりえて、自分で使いたいから事業を作るのだ！ というモチベーションが内心強い場合は、最初の段階ではあなたの考えている利用したいインサイトを自問自答して、メモに列記していくだけでもいいかもしれません。

　このように書いてみると、これまでマーケティングやサービス企画系の職種にいたことがない方々にとっては、「経験者ではないとできないのではないか？」「本業の先生ではないとできないのか？」という心配をする方もいらっしゃると思います。実際にマーケティングのコンサルティング業務などの本業に資する方にとっては、そういうもの自体が業務上の納品物であるので、体裁も含めて重要にはなります。

　しかし、本書で目的にしているようなデジタルテクノロジーを見る上では、単純に認知や興味のポイントがわかることが目的ですので、全てフォーマット

図3-4　カスタマージャーニーマップのイメージ（リフォームのマッチングサイトサービスで実際に作成した例）

	興味関心	調査	実施検討	見積もり取り	判断・成約
シナリオ：結婚を機に購入したマンションのキッチンを改修しつつ、子供部屋を作れるか検討する。					
ステージ	興味関心	調査	実施検討	見積もり取り	判断・成約
心理状態	少し老朽化したキッチンをきれいにして、おしゃれにしたい。あと子供も自分の部屋がそろそろ欲しいだろうと思っている。	やりたいキッチンのリフォームはなんとなく金額予算感をもう理解できた。収納おしゃれなのがいいし、棚も付けようと思った。	さらに子供部屋のことも検討しなきゃ、もしくしなくてもう一度すればいいし。ホームプロの営業メールが家に来られるのはちょっと怖い気がする。匿名でまずは使ってみよう。	やっぱり実際に来てもらおう。気に入らない場合はさらに追加でもらう。お試紹介してもらおう。	A社は高いけどかっこよく仕上げてくれそう。B社は営業マンが選択してきた。怪しい。C社は……。
実行事項	スマホ、パソコンで検索を始める。	さらに調べる。いくつかにお問い合わせをしてみる。	子供部屋に関する検討開始。案件だけ伝えて見積り。	来訪見積り。追加紹介	リフォーム実施の会社選定の意思決定（結構送ってジャジする）
チャネル＆コンタクトポイント	Google、Yahoo（規定の検索エンジンにアクセス）	競合サービス。各記事やトピックについているお問い合わせページ	失敗例。他のリフォームしたい箇所の記事やページ。匿名でも要望をとっての見積り	電話でのやり取り。来訪見積り。ここにでも他の会社やサイトも見ている。	各社のホームページ。口コミ検索。他の事例を見る。
あるべき姿や必要機能	検索エンジン上で上位に出る。気の利いたタイトルも重要。	サイトのデザインをもっとおしゃれに。記事の写真のセンスも気になる人達。イラスト屋やてはダメメだと思う。	細かいユーザーニーズを網羅している必要がある。匿名利用が可能。細かいニーズ（＝こだわり）の汲み取り。	細かい検討に対しての詳細の提案やり取り。業者のレパートリー。	流れた後でもフォローできる体制や、このライフステージの他のリフォームニーズへの将来的な対応。
連動するKPI	検索流入数	LPUU⇒お問い合わせCV。記事流入数	再訪率。サイト会員登録。お問い合わせCV	紹介会社数、見積り数（再紹介）	成約率。成約金額

に沿って毎回きれいに作らなければいけないのかというと、そういうものではありません。

何か対象になる Web サービスやアプリなど、デジタルテクノロジーを使ったサービスがあって、それを認知するときは何で知るのか、興味関心を持つためには何がきっかけになるのか、どこで興味を持つのか、課金する人はどういうところで課金するか、そのときはどんな気持ちでどこが価値として実感しているのか、その後、もう一度課金するときにはどうなのか…。とにかくユーザーを想像しつくした上で、そのユーザーがこのサービスに対して「こう行動するな」というものを整理してまとめておくことがあくまで重要です。

Microsoft のパワーポイントやエクセルがやりやすいですが、フォーマットも何でもよく、Microsoft Word やインストールされているメモ帳などのアプリサービスでもいいので、とにかくそれを意識しながら新技術を見ることが重要ということです。

あくまで、上記の例は最もオーソドックスな方法を紹介しています。他にもこのプロファイルとペルソナを用いないことで、実際に購入した数名にだけ商品の購入した理由や接点になったポイントを集中的にヒアリングしてディープに行うものや、カスタマージャーニーを否定して独特の手法で課金前のプランニングを展開されているものも、最近は多数あります。

この手の話はコンサルタントや、マーケティングエージェンシーなどの外部業者や、自分のやり方に固執する事業会社出身者などがいて、いろいろな考え方がある世界です。あくまで本書の方法は一般的なものですので、立ち位置としてはこれを絶対とするのではなく、使いやすいものや議論しやすいものが見つかればそれでいいと思います。とにかくそういう中でもブレずにユーザーがこのデジタルテクノロジーをどうしたら欲しがってくれるか、手段と想像力を駆使して、UX を正確に把握するのであるという目的だけをしっかり押さえていきましょう。

よって、繰り返しになりますが、上記の「プロファイル・ペルソナ」「カスタマージャーニー」の形式が重要なのではなく、「お金を払ってこのサービスを使ってくれる人は、何がその価値のポイントで、いつどこでどういくらで

使ってくれるのか？」という問いに応えられることが大事ということです。

　また、逆にこの手のものを書いたら安心してしまって、全然活用できていない人や、放置する人がときどき散見されますが、そういったことではありません。ドキュメントはあくまでドキュメントでしかないのです。サービスのフェーズが変わったときやユーザーサンプルが少ない中で新しいユーザーを見つけられたら、鋭意加筆して複数パターンを運用することが重要です。

　上記の「ペルソナ・プロファイル」「カスタマージャーニー」2つで、大枠をおさえた後、欲求やフローをさらに深掘りして具現化していくプロセスへ入っていきます。その重要な観点として「キーになる課題の仮説」というものがあります。キーになる課題仮説とは欲求の根底にあるものや、その設計されているサービスがエンドユーザーや決裁者のどういう欲求を果たすのかというポイントをおさえることです。これは筆者が実際に事業で使っているオリジナルなフレームワークになります（図3-5）。

　このフレームワークは4つのパーツから成り立っています。まず、課題の発見があって、それに伴う打ち手があり、最後にゴールがあり、次にそのゴールまで行った後に満たされる、課題の裏にある欲求というものがあります。考えて埋めていく上でもその順番で埋めていきます。

図3-5 ソリューションデザインフレーム

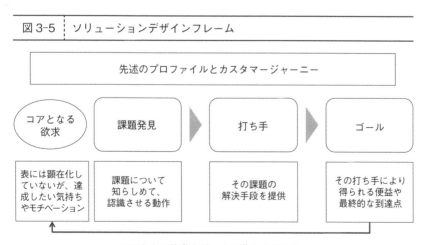

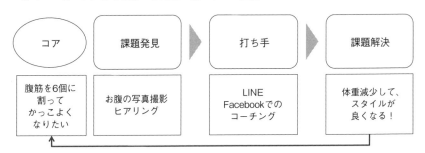

図 3-6 短期集中型のダイエットソリューション

●ゴールとコアにある欲求が体系的に満たされる設計になっている

コア	課題発見	打ち手	課題解決
腹筋を6個に割ってかっこよくなりたい	お腹の写真撮影ヒアリング	LINE Facebookでのコーチング	体重減少して、スタイルが良くなる！

コアモチベーションを満たして結果達成！

　モチベーション管理を行う「短期集中型」のダイエットサービスを例にしてみましょう。遠隔でダイエットを促すメンタリングサービスがあるときに、デジタルテクノロジーを使っていますので、それを例にあげます（図3-6）。

　まず、お腹の写真を撮影してヒアリングをいたします。それにより、課題を発見させられるわけです。そして、LINE と Facebook で毎回コーチングが入り、「今日の晩御飯を写真で送ってください」とガンガン言われ、体重計の結果も報告していきます。

　結果的に、非常に効果的に短期間でカロリー節制が行えることで、痩せられるというわけですが、このダイエットのサービスのコアとなっているモチベーションは「痩せたい」「健康になりたい」という気持ちではありません。健康が目的にはなっていないのです。このときは「腹筋を割りたい」というものとか「年齢に関わらず、かっこよくありたい」とか、そういう欲求があった上でやっているものです。

　ですので、テレビ CM やインターネット広告に出てくるプロモーションの様子の写真を見てみると、表現がそういった欲求が感じられるような写真やクリエーティブが訴求された写真になっているはずです。自分たちの価値になるエンドユーザーを刺激する欲求がわかっているからこそ、そういった表現ができるといえるでしょう。

　逆にダメな例も見てみましょう。デジタルテクノロジーのサービスには、技術や自社の利益を優先するあまり、ユーザーへの目線が欠けてしまい、このコアになる欲求をしっかりと追及できていないものが非常に多くあります。技術だけを考えてしまい、欲求を感じさせられないものです。

　例えば、ある睡眠計・睡眠アプリを見てみましょう。睡眠測定をして、そこでただ単に測定しただけというサービスです。収益がそれだけでは賄えないので広告モデルが採用されていて、そのアプリの画面の下にゲームのバナー広告が出ているというサービスがあるとします（図3-7）。

　こちらの図だとどうでしょう。優れたサービスは「そのサービスは特に何がしたいのか」「どういう思いで作っているのか」実感値から伝わってくることがあります。しかし、この睡眠計はそういった意図がないですし、何を満たしたいかデザインされて可視化していないため、手段が目的化していることがこうしてフレーム化するとよくわかると思います。データを取ったところで、何をするかが、何も設計されていないため提供価値が何かを明確にできないことでサービスにならないわけです。睡眠ということなので眠る前後にサービスを付けられたらいいですし、その睡眠自体にはそれを計測することに優位性がな

図 3-7 ┊ とある睡眠計アプリ

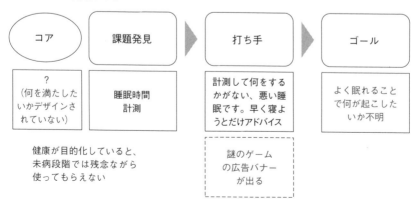

●課題発見だけのサービス、打ち手ありきのソリューションは、コモディティ化が速いので失敗しやすい

コア	課題発見	打ち手	ゴール
？ （何を満たしたいかデザインされていない）	睡眠時間計測	計測して何をするかがない、悪い睡眠です。早く寝ようとだけアドバイス	よく眠れることで何が起こしたいか不明
健康が目的化していると、未病段階では残念ながら使ってもらえない		謎のゲームの広告バナーが出る	

く、打ち手もないため、こういうサービス設計は最初の新規性以外は、どんどんシュリンクしていきます。

今回取り上げるコアの欲求部分が空白で、課題を発見することや、打ち手ありきのサービスになっているからです。こういったデジタルテクノロジーの場合は、手段が目的化しているので、そういった場合はその手段自体がとにかく欲しいという顕在層や、その動きや技術そのものにしか興味がないマニアなどに向けたものが作られてしまうため、ビジネス的に見るとそれ以外のユーザーに刺さらないためにスケールしない場合が多くなります。

よくテクノロジー系のベンチャースタートアップで「僕らのサービスは凄いんですよ！」とイベントなどでプレゼンテーションされて、技術的・学術的に面白いと思っても、ここで違和感を持つことが筆者はよくあります。UXを考えていく上で、課題仮説と打ち手だけではなく、その根底にあるコアのモチベーションとなる欲求を抑えているテクノロジーが社会にとって役に立つかどうか、社会を変えていくのかどうかという意味でも重要であるということです。本章が長くなっていることともリンクしますが、技術が目的化しているデジタルテクノロジーは、最初のきっかけは時流に乗った技術や技術そのものの面白さで突破口が見えることがあってよく展開できても、その後、ユーザーが低リテラシーであったり、技術よりも実用性を求めるユーザーが増えてくると、発展性が極めて低くなります。

そういう場合はそのテクノロジーそのものが圧倒的な競争優位になる開発チームや特許・知的財産を持っていたり、価値がない限りは、非常に高い確率で失敗することが多いといえるでしょう。特にフィンテックやインシュアランステック、ヘルステックに多いですが、こういったコアの欲求に内在するインサイトを評価観点で見極めることを何度も訓練して見極めていくことが大切になります。

設計からしっかりしているサービスは仮にその技術自体が廃れても、考え方がニーズに合っているので、もし収益や競争力が時間軸で下がってもしぶとく生き残ります。

（4）UI 設計の考え方

続いて UI の要素を見ていきましょう。UI（ユーザーインターフェース）は、一言で述べると、画面やパネル、スイッチといった、エンドユーザーと接点になるものです。

そして UI は、「インターフェース」と言って触れる部分と、「フロー」というそのアプリケーション内やサービス内の流れがわかる部分と、そのサービス全体の認知から購買、最後のリピートやロイヤリティ化までの「コンタクトポイント」として例えば何をチャネルの接点にしていくかという部分の、大きく 3 つに分けて筆者は考えています。

それぞれがソリューションデザインフレームにあるコアな欲求やカスタマージャーニーなど UX を考える部分と階層的に重なり合わせて対にして考えたときにそのコミュニケーションゴールが達成されていくのかを考えていきます。課題を解決させる提供サービスの内容があり、その後にキーとなる課題仮説に対して、どういう機能と画面が紐づくのかというイメージだと思ってもらえたらと思います（図 3-8）。この課題を解決するためにこのソリューションはあっているのか、という前提をしっかりと確認するものです。

「インターフェース」のデザインに関しては、ここまででまとめてきたプロ

図 3-8 ┊ UI と UX の紐づき方のイメージ

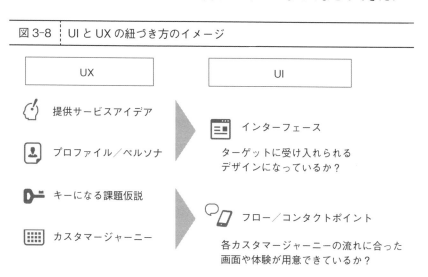

ファイル、ペルソナ、カスタマージャーニー、UX を加味したものにして行きましょう。例えば、ブランドが好きな若い女性が夜 1 人で見る場合、ビジネスマンが仕事帰りに電車で立ったまま見る場合などとユースケースによって、UI のデザインが全然違うものになることがイメージできるはずです。

「フロー」「コンタクトポイント」はカスタマージャーニーと密接に紐づいています。カスタマージャーニーのエンドユーザーの流れの中に、どの画面が、どこの場所やどこの手段に対して、アクセスしているのかということを明示するものです。コンタクトポイントの意味はその名の通り、エンドユーザーとサービスが接触するポイントを指します。フローとはそのコンタクトポイント内部も含めて単純にどういう流れで接触していくかを表すので、それら 2 つを総称して「フロー／コンタクトポイント」と呼んでいます。

図 3-9 ┆ 画面遷移図のイメージ（音楽販売サービスの例）

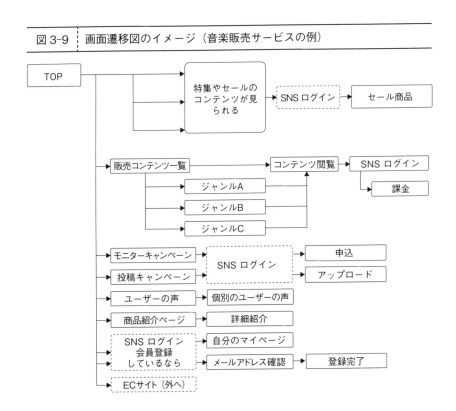

図3-10　スクリーン付きカスタマージャーニーの例（自動車サイトの例）

●ユーザーの状態：購入検討をしたい⇒具体的にいくらか見積もったり、回遊したり問い合わせたりしている

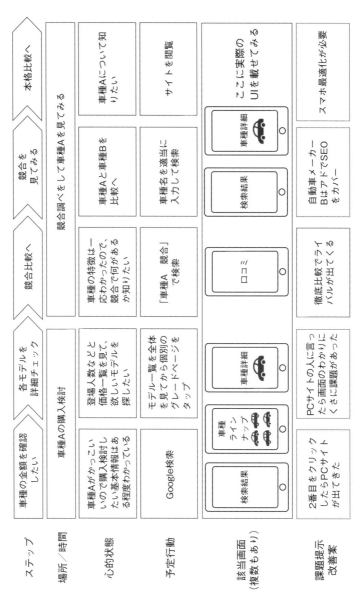

例えば、カスタマージャーニーの中でエンドユーザーが広告や口コミ、SNSなどのコンタクトポイントで認知がされた後に、その製品の製品サイトや購入特典のあるランディングページに行き、Web サイトの中でコンバージョン取っていくなど、そこから順々にサービス上のどこにぶつかるかという流れを可視化していくということです。

コンタクトポイントは「アプリ」「Web サイト」「広告」などチャネル名そのものがきます。しかし、例えば検討する段階と購入する段階が同じ Web サイト上で行われる場合は、コンタクトポイントとしての標記は「自社 Web サイト」になってしまうので、あとは画面の中の遷移をフローとしてわかりやすくするために画面遷移図という形で表して使うこともあります（図3-9）。これも実際には開発をしていくわけでもないので、評価分析したいデジタルサービスの画面キャプチャを取っていってから単に順々に貼り付けていくことで、その使いやすさを吟味したり、簡単な Powerpoint 内にある図やエクセルなどで簡易的に書いて示すだけでも充分によくできると思います。

筆者の場合はスクリーンのキャプチャをそのまま入れてカスタマージャーニーと合わせて最下部に改善点を作るフレームをよく使います（図3-10）。

冒頭のデジタルテクノロジーの構造マップにおけるインプットとアウトプットを担っているのが UI ですので、デジタルテクノロジーの評価において、UI を列記していくだけでもそのデジタルテクノロジーの持っている課題や強みが鮮明になります。ターゲットになりうるユーザーに操作してもらって、それを観察しながらインタビューするのが最もわかりやすいでしょう。

（5）UI/UX を見ていく上で最も重要なポイント

以上、UI/UX を設計していく基本的な流れを評価分析に用いる方法を見てきましたが、読者の皆さんはこの UI/UX の設計過程でデジタルテクノロジーの評価／分析という観点で優先順位を付けるとしたら、どれが一番大事だと思いますか。

デジタルテクノロジーを見る上では全部大事ではありますが、実は評価・分析観点では、このアイデアが正しく実装されて体現されているのかが最も重要

です。

　念のため補足をしておくと、提携する組み先や自分が行っていく事業として
そのサービスを考えていく場合は、UX 以外の安定性や蓋然性の高さがあるか
どうかといった違うポイントも見ていきますし、この後でもご紹介していくそ
のほかの観点から NG になるものは多々あります。

　実際に社会を変えるレベルのサービスは最初のアイデアが尖っているもの
が多く、特に Why の部分で標榜しているビジョンが大きいものや高いエンタ
テインメント性をもっているものが多数を占めています。最初のサービスが
事業として目指していくスケール感やなぜ使うのかという意識付けが大きいか
らです。世界的な検索エンジンを提供する Google も検索エンジンのアイデア
は「世界の情報を束ねられて、いつでもアクセスできる」ということで、今は
ないことが考えにくいものになっていますが、そもそもの Why の部分を最初
から世界全体の視野で一番に考えて実装したということがすごいのです。UI/
UX では、シンプルなインターフェースやブラウザの規定の検索エンジンに最
初からなっているので、アクセスするフローを激減させたことなどももちろん
優れてはいますが、それはアイデアに対する枝葉の評価でしょう。

　デジタルテクノロジーではないのですが、他の例でいえば、飲料のコカ・
コーラを例に説明するとわかりやすいかもしれません。コカ・コーラは全世界
で売られている世界を代表する飲み物の 1 つになっていますが、「炭酸に砂糖
を入れて飲んだら美味しい上で、スカッとする体験がある飲み物がいい」と創
業メンバーが思いついたからコーラが生まれたわけです。

　ここで間違えてはいけないポイントとしては、この後、事業を考える側での
発想や視点を第 7 章で学びますが、その場合は逆にアイデアよりも、検証回数
や最初の事業機会の発見が非常に重要になります。あくまで「アウトプットさ
れて世に出ているデジタルテクノロジーを評価・分析するときにはアイデアの
実装が最も大事になる」ということには注意が必要です。実際に事業を作ると
きにはアイデアを思いつくこと自体は重要ではなく、それが評価できる形で出
てきたときに UI/UX でそれが体現されていることが大切になるのです。

　どういうことかといいますと、先ほどのコカ・コーラの例でも「砂糖水に炭

酸入れたらおいしいのではないか」「気分をあげてすっきりしたいときに飲める
お酒ではない甘い飲み物が欲しい」というニーズや発想まではできても、それ
がコカ・コーラとして実装することができないわけです。Google と同じ検
索エンジンを事業として思いついた人は Google 以外にも多数いたはずです。
USB メモリというデジタルテクノロジーを考えてみても「フロッピーディス
ク 1,000 枚分の情報を入れるデバイス」を思いつく人はいても、実際にそれ
を実装して USB ポートというものを活用してパソコンに入れて標準化させ、
「USB デバイス」として、数千円で販売できるかどうかというと、そうではな
いということです。これも非常に有名な話でアップル社の元 CEO 故スティー
ブ・ジョブズによる iPhone のプレゼンテーションがあります。エンドユーザー
はスマホのタッチパネルが邪魔で、iPad と電話とコンテンツが全部1つになっ
たらよいということまでは考えついたとしても、それをあの形で実装してタッ
チパネルですべて提供できるものを作ったことが素晴らしいのです。参考動画
は YouTube など、インターネット上に多数上がっていますのでぜひ見てみて
ください。思いつくよりも実装することのほうが難しいので、実装されたデジ
タルテクノロジーを見たときにも、そのアイデアが尖っているようなサービス
はそのマーケット自体を席巻する可能性があるということです。

　優れたアイデアが実装されているということが、デジタルテクノロジーの
評価・分析をしていく上でも大きなポイントになるということは覚えておきま
しょう。

　その他の時点で重要なポイントは優れたデジタルサービスであるほど、
「キーになる課題仮説」と「インターフェース」が革新的なことも多いです。
前記の USB メモリで考えてみても、キーになる課題仮説として「動画が見た
い」とか「綺麗なグラフィックのパワポを作りたい」というのがあるかもしれ
ませんし、フロッピーディスクと異なる壊れにくい仕組みや USB 端子を使っ
て動かすインターフェースもポイントになっているわけです。普及するデジタ
ルテクノロジーは素晴らしいことが簡単に説明できます。

2. 階層性の整理

UI/UX に続いて、デジタルテクノロジーの体験価値を考えていく上で重要なポイントは、階層性の理解です。これは平たくいいますと、デジタルテクノロジーにおいて、表面のエンドユーザーに対して見える部分なのか、サーバーでデータを格納するインフラやデバイスの OS であったり、その中間を結ぶデータのやりとりをする部分であったりの、具体的にどこの話をしているかをおさえることが重要であるということです。前項の UI/UX を考えていく中でも、機能を考えていくポイントと密接に結びつくものになります。UI/UX を「横軸」にすると階層性は「縦軸」の概念になります（図 3-11）。

より、厳密にエンジニアとしてプログラミングで実装していくために設計していくときには、その階層間の仕様を実装していく上で細かく設計していくことが重要になります。通信の仕方や情報の授受について分析してプログラムの構造を可視化していきますが、それを簡略化してデジタルテクノロジーを考える上でまとめたものが図 3-12 になります。

図 3-11 ┊ UI/UX と階層性の関係

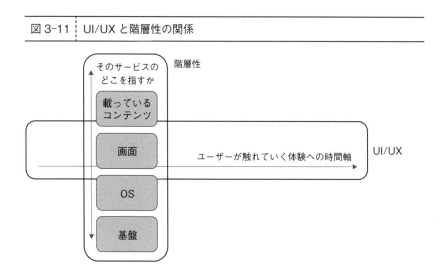

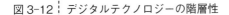

図3-12 | デジタルテクノロジーの階層性

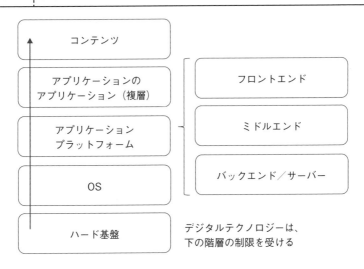

　最も下の階層にハードの基盤があり、続いてそれを動かすOS（オペレーティングシステム）があり、それの上で動作をするアプリケーションのプラットフォームがあって、そのさらに上にそのアプリケーションプラットフォームで動作するアプリケーションが乗っていて、そのコンテンツのUIを見て私たちは利用しているということです。

　また、単に階段状にくっついているということだけではなく、アプリケーションのバックエンドにサーバーがあって、それを繋いでいるネットワークがあって、センターがあってというように複合的に結合しています（図3-12）。

　例えば再び、日本で最もシェアの高いスマートフォンであるiPhoneを例に考えてみようと思います（図3-13）。まずハードになるiPhoneの電子基盤があり、その上にiPhone独自のオペレーティングシステムであるiOSがあります。また、iOSで動作するアプリを様々な事業者が提供して、それをユーザーがインストールして使うプラットフォームであるAppStoreがあって、AppStoreの中に多数のアプリベンダーが作ったアプリが落ちていて、そのアプリをユーザーが開くとそれに動作するコンテンツがUI上に乗っていると考

えるわけです。

　また、その中で、アプリ1個1個の中にコンテンツを呼び出すためのサーバー構成があります。続いて、それを繋いでいる API・アプリケーションがあるというわけです。

　この観点が、なぜデジタルでの体験価値を考える上で大事なのかという理由は2点あります。

　まず、この観点がないまま課題や改善を行うことを考えた場合、その場所をどう見つけるかがエンジニアではない人にとってはわからなくなってしまうからです。開発ベンダーさんや会社の上層部やユーザーと話し合う会議などで、例えば UX を考えた上でサービスの改善課題や懸念点が出てきたときや、良いサービスとしてのセールスのポイントを考えていくときなどに、「どこのレイヤーの話をしているか、あるいは、どこにあるものを言っているのか」ということを理解するということが、デジタルテクノロジーの評価や分析を行っていく上で重要になるわけです。Web サービスを載せているコンテンツが重いのか、サーバーが重いのか、動作環境が悪いのか、通信が遅いのかなど原因がどこの階層にあるかで、対処の仕方が全然違うものになるからです。

　例えば上記の例で、会社で営業マンに iPhone を支給したときに「社用携帯の iPhone 使いにくいのだよね…」と話してくれたときにも、アプリケーションが悪いのか、コンテンツの UI が良くないのか？　通信が遅いから読みだす部分が大きいのかなど、原因を深掘りするときにこの視点がないまま続けてしまったら全く別の結果を起こしかねません。莫大な人的・金銭的コストを無駄にしてしまう可能性もあります。

　もう1つは、この階層性を理解するべきポイントは上下関係の制約です。特に図 3-13 の中では下の階層に上の階層が制約を受けやすくなっており、下の階層から見ると、上の階層が集まらない／動作しない場合はそれだけで失敗になってしまいます。

　例えば、上記の AppStore にアプリケーションを出して販売したいと事業者が考えたときには、おのずと下の階層である iOS が受け入れるためのプログラミング言語である Objective-C（オブジェクティブシー）や Swift（スイ

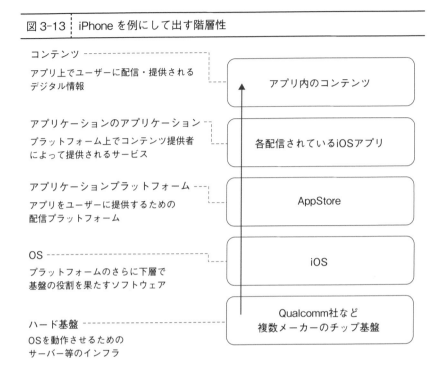

図 3-13 ｜ iPhone を例にして出す階層性

コンテンツ
アプリ上でユーザーに配信・提供される
デジタル情報

アプリ内のコンテンツ

アプリケーションのアプリケーション
プラットフォーム上でコンテンツ提供者
によって提供されるサービス

各配信されているiOSアプリ

アプリケーションプラットフォーム
アプリをユーザーに提供するための
配信プラットフォーム

AppStore

OS
プラットフォームのさらに下層で
基盤の役割を果たすソフトウェア

iOS

ハード基盤
OSを動作させるための
サーバー等のインフラ

Qualcomm社など
複数メーカーのチップ基盤

フト）というプログラミング言語で作らないとストアに出せませんし、基本的には動作もしません。日本での AppStore ランキングで上位のアプリケーションも、極端な話、AppStore で Apple が落としたら収益が出せずに終わってしまうわけです。下の階層である OS にも栄枯盛衰がありますが、それを意識して多面的に事業を展開しているアプリ事業者やデジタルテクノロジーのベンダーが多数あります。

　筆者自身も、当時運営していたある Web サービスで、結局、普及しなかった OS 上でしか動かないアプリを作ろうとしてしまい、開発コストを非常に拠出してしまったことがあります。仮にできたものを外の目線で判断したとしたら、その OS 上で開発をしようとしている時点で良いサービスではないと思ったでしょう。

　UX にもこの階層性は影響を及ぼしていきます。昨今のポスレジ（デジタル

の履歴連動のレジ）や、法人向けタブレット、医療の電子カルテシステムなど全部独自の仕様で低い階層部分も作ってしまっているため、それによってよくない UX を与えているものが多々あります。もちろん、では今シェアが高い会社の OS のみを考えて全て作れということではないのですが、それくらい全体の UI/UX にこの階層における事業戦略が影響を及ぼすということを覚えてもらえたらよいと思います。OS でいうと日本では PC だと Windows で iOS が多いですが、海外に向けてサービスを作るなら、MacOS についても重点を置いたり、Android を中心に設計したほうがいい国がほとんどです。エンジニアや設計していくディレクターなどの企業や事業チームの経営資源や開発リソースは有限であり、どの OS や基盤に乗るかはデジタルテクノロジーの体験価値と事業の成功を考える上で必須です。

　よって、例えばアプリを作っていくときも、下の階層に何があるのか？　自分たちが作る新規事業はデジタルテクノロジーを用いる場合、どこを指してそう言っているのかということを明確にしていく必要があるということです。

3.　ブランドバリューの考え方

　本章でのデジタルテクノロジーの体験価値を見ていく最後の評価・分析点はブランドです。「ブランド」という言葉自体は、皆さんも聞いたことがあると思いますし、マーケティングや広報の実務や MBA の演習では、実際に習ったりケーススタディをしたり、その実践も行ったことがある人もいるのではないでしょうか。デジタルテクノロジーにおいてもブランドが重要であるということと、実際にどういう観点を見ていくことが重要になるかという部分について解説します。

　これも言葉のルーツから考えてみましょう。「ブランド」という言葉自体は、家畜を識別するための焼き印である Brand（焼き印を押すという動詞）がルーツになっています。それに伴って、そのサービスや製品を識別することという意味を持っていますが、UX の定義同様に、より広義にはさらにそのサービスをさらに特長づけたり、ロイヤリティを作っていくことで競争力を創っていく

などする意味も含まれ、そのための活動をブランディングと言っています。

　デジタルテクノロジーにおいても、ブランドが確立している会社であるほど、「○○なら△△△か」と会社を想起してもらえるようになりやすいですし、大手企業のクライアントへの商談や、サービス観点でほぼ類似した機能面であるときは、ブランドで競争優位ができて導入しやすくなります。デジタルテクノロジーは一部の限定的なテクノロジー以外はコモディティ化が非常にしやすく、さらに、エンドユーザーから見ても難しそうであったり、心理障壁も高いので、ブランドが重要になるのです。

　例えば、オンラインフリーマーケットをC to Cで展開する「メルカリ」は完全にその当時の他社と比較して後発なサービスでありながら、全体で1億ダウンロードを超えるアプリになりました。もちろん社長の資質や手腕、経歴が既に素晴らしいといったことや、資金調達がうまくいったから資本をかけることができたことも要因かもしれませんし、細かく見たら課題があると思う人もいるかもしれませんが、何より優秀な人を引き付けるためのミッション／ビジョン／バリューが徹底されており、それにより会社のブランドを作ったことで優秀な人が集まり、かつ「刈り取り」といわれるインターネット上の獲得広告とマス広告をしっかりと合わせた効果的なマーケティング施策を打ち続けたことが1つの勝因であったと筆者は考えています。

　よくマーケティングとブランディングを混在している人が見受けられますが、筆者の中では明確に分かれています。マーケティングは消費自体を顕在化させて創造する行為であり、ブランディングは自社の軸やふるまいを正しく消費者の中に位置づけていく理解とロイヤリティの促進活動なのです。正しいブランディングができているとマーケティングの効率が上がるのです。

　ブランドを作っていくためには大きく3つの要素があります。

　まずは、そのブランドになる軸作りです。強力なブランドは発信する上でコアになる思想と言葉を持っています。思想とは、その企業組織やサービスを目指していく上での価値観です。会社の場合はミッション／ビジョン／バリューに言い表れています。ミッションとはその会社が社会に何をもたらしていくのか、ビジョンはそのミッションを実現するためにどう自分たちがありたいの

か、バリューはそのビジョンの存在になるためにどういう価値観で向き合って
いきたいのかを表しています。

　ブランドにおいても、ブランドのルーツや制作責任者のこだわりがその思想
の代弁を行います。コンセプトとは、その企業組織やサービスがどういった体
験を提供するのか UX を一言で表した言葉になります。デジタルテクノロジー
においても、これからどんどんこの軸作りが重要になっていくでしょう。強い
ブランドであればあるほど、コンセプトやタグライン、ステートメントなどと
いう短くしっかりと自分たちの市場への提供価値を説明する言葉を持っていま
す。アパレル・ファッション業界やアートなどは、最初からそのブランド軸そ
のものが製品や売り方にまで非常に大きな変数を占めているので、ブランディ
ングの議論は常にされてきていますが、デジタルテクノロジーは弱いものが多
いのが現状です。

　次に、一貫性です。ブランドには一貫性が非常に重要です。軸になっている
メッセージを感じたり、体現していると認識していくことは難しいため、ブラ
ンディングの中で、先ほどの全てのフローやコンタクトポイントにそれを注入
していきます。キャラクターやコンテンツといった IP ビジネス（Intellectual
Property の略で、知的財産を活用したビジネス）には、そういった一貫性を
保つためにキャラクターのセリフや色味などを監修する専門のチームがあるく
らいです。広報用の宣伝素材やクリエーティブをチェックする資料や仕組みな
ども持っています。

　また、この一貫性はエンドユーザーだけではなく、その組織内部にも貫か
れているかどうかも基準になります。例えばテクノロジー系に多い大学発ベン
チャーであれば、そのベンチャー企業がその大学発だと言っている大学の社員
が社長 1 名しかいなかったら、それで大学発ベンチャーと訴求をされても仮
にテクノロジーはその大学のものだとしても違和感を持つことと同じです。他
にも、デジタルトランスフォーメーションを売っている企業にも関わらず、自
社で使っているテレカンやパソコンのサービスの通信が悪かったり、簡単にク
ラックできるような業務用のソフトウェアを使っていたら、それだけで心配
になりますよね。一貫性があることで強い想起が生まれて、それがブランドを

創っていきます。

　最後に、強力な体験です。その一貫性を持たせていく中でも、強いブランドであればあるほど強力なユーザー体験を持っています。ラグジュアリーブランドはそのサービスクオリティを体験して初めて価値を感じますし、紛失防止デバイスも実際に見つかる体験をすると、また使いたいと思うようになります。to B 向けのエンタープライズソフトウェアのデジタルテクノロジーが「ブランド体験」を体感してもらうように VIP 向けのカンファレンスを開催したり、自分の会社や製品のルーツを感じてもらうツアーをしたり、招待制の限定イベントやファン向けの交流会などをして、ユーザーとの関係性を体験をベースに作っていく手法も非常に有名です。

　例えば、2018 〜 2019 年頃に、各社がキャッシュレスの決済システムサービスに参入していく中で、なんと自動車メーカーの TOYOTA も参入しています。もちろん高速道路や車検、ガソリンスタンドやドライブスルー購買など、彼らのブランドでの決済サービスが入れるコンタクトポイントがあることもそうですが、無名な会社ではなく高いブランドバリューや信頼を有する会社が行うビジネスであるということがあるのが、参入要因の一環として考えることもできます。

　他にも、例えば Microsoft や IBM、Nokia などの世界的なデジタルテクノロジーを扱う IT 企業が、ベンチャースタートアップ向けには開発の最新環境を提供しながらアワードを与えたり、エンジニア向けのイベントを開催していいます。そういった施策も、会社方針としてテクノロジーを使ってもらう将来の顧客をつくるというマーケティング的な観点がありつつも、最新のベンチャースタートアップや今をときめく TOP エンジニアにとっても、自分たちのメーカーが使われていてかっこいい、そしてスタートアップ創業期をこの製品ブランドに助けてもらったという原体験を作って想起させるためのブランディング活動であるというわけです。

　上記の 3 点を実施しているのかどうかを評価するには、経営陣やプロダクトオーナーをしっかり捕まえて確認していくことが重要です。エンドユーザーになって、それを体験して愛着が出せるかどうか、自分で確認していくことでも

いいと思います。彼らが本書で紹介した、ブランド的な観点を持って事業を運営していれば、ブランディング／マーケティングの戦略を今後も立てることができると考えられますし、逆にそういったことができていない場合は、近い機能を持った競合が出てきたときに苦戦しそうだということがわかります。非常に時間もセンスもかかる長期的な投資活動ですが、ブランディングができれば有利にはなります。そのため企業の投資やアライアンスを考えていく観点においても、このチェックを行っていきます。

　しかし、ブランディングがしっかりやれていることで、最終的には組織面や販売競争上の優位性を築くポイントになりますが、エンドユーザーとしてデジタルテクノロジーを活かしたサービスの導入を考えている観点では、それに踊らされないで判断していくことも重要です。良いサービスがあって、はじめてブランディングする意味があるのであり、それができていないと短期的には見せ方だけで売れても、いつか失敗してしまいます。先ほどのUI/UXや階層性の議論は可視化できるものですが、ブランドはさらに抽象度が高いものになります。「なんとなく信頼できるから」という理由や、ブランドだけが高いという場合や、そのデジタルテクノロジーの強化が考えられない場合は、マーケティングやキャンペーンに踊らされず、本書で紹介しているデジタルテクノロジー他の評価・分析に関与する要素を見て、冷静に総合的な判断していくということを忘れないようにしましょう。

4.　心的価値の重要性

　以上、本章では、体験価値をどのように考えていくべきかということで、デジタルテクノロジーを評価・分析していく上での、UXを中心とした設計の考え方とそこで知識として必要となるその階層性の整理、最後にブランドの考え方を見てきました。

　このパートは非常に長くなりましたが、UXとブランドについては特にデジタルテクノロジー以外の、他のサービスやプロダクトを見極めていく上でも大枠は役に立つため、ぜひ知っておいてください。

82

技術は、科学を立脚点にはしつつも、最終的には人の役に立てることがゴールとして存在しています。その上でも、今回見てきたような、技術のプロファイル情報だけではない、興味を持ちたくなる、使いたくなる、使いやすくなる…。そういう人の心を動かす心理的な価値を可視化した上で、デジタルテクノロジーを評価・分析して見ていく重要さが伝われば幸いです。

コラム ブロックチェーンの UX 論争

　ブロックチェーンは分散型で複数の管理者や運営者がサーバーとシステムを管理してかつ、その中身のデータ1つ1つをブロックのように保持してつなげて保存していくという、サトシナカモト氏（おそらく仮名）が開発したビットコインという仮想通貨に使われる元となった技術で、インターネットに次ぐ発見と昨今いわれています。インターネット上に信用や信頼、履歴といったものをできるだけセキュリティの高い状態で記録できるようになるため、これまで印鑑や証明が必要なデジタル化できていなかった領域をデジタル化するときに有効だと考えられるからです。

　第1章で確認したインターネットの情報の持ち方とアクセスの仕方とは違う方式でお互いに通信をしあう形と、そのデータの持ち方を改ざんがほぼ不可能な形にすることで、セキュリティが高いという業界独自性があるということもできます。デジタルテクノロジーの構造マップでいう「スループット」のための技術です（図3-14）。

図3-14 ブロックチェーンを構造マップに入れてみた場合

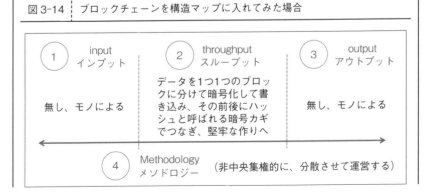

　極論すると政府や GAFA に代表される巨大インターネット企業や仲介者がいなくても、この仕組みを回すことでトランザクション（取引）を管理できたり、整理することができることを論理的にうたっています。

しかし、現在このブロックチェーンをベースにした技術プラットフォームを各社で保持し始めて、既にコモディティ化が始まっています。1 つのテクノロジーと学術理論をベースになっていて、さらにビットコインやイーサリアムなどがメジャーですが、ほとんどオープンソースになっているもので作られているものが多数あるのでよく考えてみれば当然の結果です。

　その場合は、もちろん経済面である金額などもそうですが、その企業やサービサーがどのブロックチェーン技術を採用するかは、テクノロジー面ではなくUX で決まるといっても過言ではないと考えています。

　ブロックチェーンの基盤を考える上では、どうやって、この技術を使ってユーザーベネフィットを生み出せるか、技術者視点から見てもいじりやすくて実装が容易になっているか、キャッシュポイントが生み出しやすい仕様になっているかどうか、社会的にオーサライズがとられているかといった観点が競争優位を持つようになります。

　ブロックチェーンはエンドユーザーには見えにくいアプリケーションを支えるインフラの階層にある技術です。その基板の上にある、それで実装されたサービスを考える場合にも、エンドユーザー観点や、そのブロックチェーンの上でビジネスをしたいと考えている事業者観点で考えても、もっと政治的な意味合いや、その会社が作ったコンソーシアム上での体験や、使いやすさを吟味して、そのブロックチェーン上に入りたいということが起こるでしょう。トークンがやりとりできて、エンドユーザーとして参加したらもらえますといわれても、それが誰からもらったトークンなのか、そもそもそれを運営している事業者は誰なのか、そのトークンは社会的に見ても安全なものなのか、それを体験価値があまりない事業者が音頭を取った時点で誰も集まらないで負けていくというわけです。

　まとめると、世界を揺るがしうるデジタルテクノロジーを活かしたビジネスの境目でも、UX 観点での評価が重要になっているということです。そのブロックチェーンのネットワークに参加したくなるようなコミュニティ的な UX や、安全安心でクリーンで使いやすいというイメージを、技術自体がコモディティ化している中で訴求できるようなブランディング的な観点が非常に重要になるでしょう。

第 **4** 章

デジタルテクノロジーの事業を考える
ステークホルダー観点

　第3章では、UX やブランドなどエンドユーザー観点をサービスの視点でとらえたデジタルテクノロジーの評価方法を考えていきました。エンドユーザー向けの分析を実施したともいえるでしょう。

　本章では、さらに事業をとらえて深掘りをしていくために、エンドユーザー以外の市況やその各ステークホルダーでの観点をここでは紹介したいと思います。

1. 市場インパクト

　まずは、その事業分野の市場インパクトの考え方です。評価分析したい事業やスタートアップの持つデジタルテクノロジーがどれくらいのスケールを狙っているのかわかることでそのポテンシャルを社内外に向けて説明していく際にも説得力が出るからです。市場インパクトはその市場の規模とその市場との距離感の2つを見ていき、評価・分析をしていきます。本書の目的から考えると、正確な市場規模をおさえることよりも、大枠で何と同じくらいの市場規模なのか、技術としてアップトレンドなのかダウントレンドなのかなどの増減傾向さえ確かめられれば構わないので、それらを簡単に把握できるステップを確認していきます。

　まずは、全体像を把握していきます。あるデジタルテクノロジーの社会的なインパクトについてどう感じるか？　そして、そのサービスおよび技術が狙っている①市場やセグメントの市場経済規模、②影響しうる業界数、③社会制度の適応性、④一般的な価値観の変化の有無などを、信頼できる提供元だと思っ

ている情報ソースや統計的にも優位性がある調査結果、第三者有識者のインタ
ビュー（できれば複数人）等を見て調べてみるだけでも、ざっくりと全体像が
見えてきます（図4-1）。

　追加で、経営学のフレームワークで非常に有名なPEST分析（政治・経済・
社会・技術を包括的に見るフレームワーク）のTechnology以外の観点を定性
的なファクトをたくさん集めながら大きく全体を見てみます。

　まず、①の市場規模やポテンシャルに関して語っている資料を調べます。

　大半の人が存在感を感じるマーケットサイズは、2019年の国内市場でいえ
ば、実感値で8,000億円くらいかなと考えます。時計市場や語学ビジネス、学
習塾や予備校など、コンシューマー向けで大きな出費がある市場の市場規模が
日本国内だと8,000〜9,000億円くらいの予測値に2018年段階でなっています。

　また、自社が参入している市場規模に対してそのデジタルテクノロジーが持
つマーケット規模を比較して話すことでもいいと思います。細かい数値を理解
することが目的ではなく、例えば電通であれば「このサービスは広告市場のテ

図4-1	PEST分析と掛け合わせたインパクトを感じるためのソースになる情報イメージ
①	（そのテクノロジーおよびテクノロジー）×（その業界における市場やセグメント）の市場経済規模
②	そのテクノロジーがもし、世界のスタンダードになったとしたら、影響しうる業界数
③	そのテクノロジー自体の社会制度への遵法性、適応性
④	一般的な価値観の変化の有無などを、信頼できる提供元だと思っている情報ソースや統計的にも優位性がある調査結果、第三者有識者のインタビュー（できれば複数人）等を見て調べてみる

レビ市場と同じくらいの規模感のマーケットを狙っているものです」「このテクノロジーは将来新聞広告市場と同じくらいの規模にあと5年で成長します」と話せるだけで、話が有利になる可能性があるわけです。

　プロのシンクタンクや国の市場調査機関、業界団体などが正確なデータを持っている場合はいいですが、そうでない場合はフェルミ推定的に行って、ロジックを話せるレベルで平準化をかけていきます。外部のデータを使うときの数字の読み方にはどこまでの範囲を入れてどう算出しているかについてロジックを理解してから実施するということが必要です。例えば「フィンテックの市場」といったときにも、各シンクタンクでなんと最大10倍近くまで差があります。これはフィンテックに絡むSIerのシステム制作を入れているシンクタンクとそうではないシンクタンクがあるからです。どう計算されているかを聞かれた際にも説明できるようにしておくことが重要でしょう。

　次に、②の影響しうる業界数です。デジタルテクノロジーの特定のサービスが複数の業界に影響を及ぼすものが多々あります。例えば、販促のポイントカードをスマートフォンアプリ化する仕組みは、広告業界だけではなく、メディア業界や、ECおよび小売業界にも影響を及ぼしています。特にクライアント企業や組み先になるパートナーの業界にも影響があるものであればあるほど、そのインパクトは大きく見積もることができます。ある業界用のソリューションでも、近いマーケットならばそこに転用して販売できたり、違うマーケットにも横展開ができれば、他業界やたくさんの関係者にインパクトがあるテクノロジーであればあるほど、同じくらいの規模感であっても注目されるでしょう。

　例えば、パンフォーユーというパン屋さんが作るパンを冷凍して、その冷凍パンを（サブスクリプションモデルで）定期的に提供するサービスを持つスタートアップがありますが、食品パン市場だけを見てしまうのではなく、企業の福利厚生マーケット、全ての小売り店へのサービス、テナントサービスとみなすと、複数マーケットに参入していることがわかります。また、この包装して冷凍して届けるテクノロジーであれば、パンだけではなくても他の食材にも展開ができうるでしょう。サービスだけ一見するとかなりシャープに見えるの

ですが、複合的な市場展開が想定された事業の作りになっているのです。

　③社会制度の適応性とは、そのサービスが今の法律や制度に適合している
かどうかです。次の章で詳述しますが、リーガル面や制度面でもそのテクノロ
ジー自体が受け入れられていない場合や古い法律によって禁止されていそうな
場合は、ある程度その他の技術に対して時間がかかってしまうことが容易に予
想できると思います。初期の Uber は白タク規制に、AirBnB は旅館業法に、
など抵触する法律がたくさんあります。もちろん、適法性をしっかり維持し
て、高い遵法精神で事業者は望むことがコンプライアンスの基本であり、当然
のことではありますが、事実、法律のほうがデジタルテクノロジーの速さに追
い付いていないため、そういった部分に関しては規制緩和や法律の条文改正な
どが頻繁に行われるようになってきています。2018 年の 6 月には旅館業法が
改正されて、部屋の数の規制撤廃や、IT による監視なども OK になる規制緩
和が行われたことがあります。市場インパクトという観点で見たときにもこう
いったサービスが先行して存在するということ自体が、そのマーケットへの関
心度を上げている 1 つのバロメーターになっているのです。

　④一般的な価値観の変化の有無はマクロ調査的なもので出てくる情報で有
利になるファクトを集めていきます。例えば「コト消費（体験や意味・意義な
どを大切にする消費者思考）」などはモノではないデジタルテクノロジーにお
いては有利な思考トレンドです。他にも例えば、遠隔サービスなどでいえば若
年層において、遠隔で Skype や LINE のグループチャットなどから参加して
飲み会をすることが元々流行っており、新型コロナウイルス感染症対策におけ
る状況下でさらに一般化しました。それについて Remo という飲み会やワー
クショップに適したグループ概念を入れたサービスがブレイクしています。筆
者は商慣習としていかがなものかと考えていますが、Zoom や Teams でのリ
モート会議で席次や退出の順序をルール化したいという層がトラディショナル
な日本企業で一定数おり、それをオンライン会議システムの仕様に取り込むか
どうかが話題になっています。そういった形でデジタルテクノロジーを介して
人と人とがつながることが一般化していることなど、マクロトレンドでの消費
者の変化をうまく示すことで、製品を評価するときに時流に乗っている説得力

をつけるということです。

　それを終えてから、ようやくその市場のインパクトがまとまってくると思いますので、その情報を社内外説明用にまとめあげて、自社とその対象になるデジタルテクノロジーの距離感を規定していきます。会社の調達や導入、稟議などの中での上申方法のポイントなどは以降の第6章、第7章などで一緒に紹介しますが、ここではこの市場が自社にどう絡むものなのかを調べます。自社の経営戦略の中での目指していく社会像や、業績、今後の中期経営計画などの自社で目指す文書で公的なものがあれば、その中に入っている単語とそのデジタルテクノロジーの距離感を想像していきます。

　昨今だと、特にその方針の中でDX（デジタルトランスフォーメーション。業務や仕事のデジタル化）を掲げて、それが戦略の重要な柱や目的になっている企業も多くあります。DXは本質的には業務や事業のデジタル化そのものの手段であって目的ではないため、会社に明確やKPIやKGIがない限りはあまり良い目標設定とは正直言い切れないのですが、そういった場合は全てその戦略と関連付けて、デジタルテクノロジーのことを説明できると思います。

　この市場とデジタルテクノロジーの分析は、業務などで活かしていく場合に意義を自分ゴト化していく上でも役に立ちます。社内稟議などの場でも、技術内容が理解できても「これはわが社に関係ないのではないか？」と残念ながら頓珍漢なことを言ってしまう経営陣や上長に阻まれることもあるでしょう。そういった際などにも、「隣接しているA業界にも関係するもので、Bという社会的な価値観の変化はわが社の商品の消費にとってもプラスですよね？」と、インパクトを自分の言葉で語ることは、意思決定や外部説明の上に有利という視点もありますし、一般的な管理職ではない人たちにとっては、経営視野を養う訓練にもなると思います。議論が煮詰まったときにも、話をこういった市場全体のマクロへ引き戻しながら議論をしていくと、スムーズに全体の流れを持って行けるという視点でもリスクや見通しを客観視する上で役に立つことが多々あります。ベンチャー企業や技術ベンダー側でも、そういったマストレンドをしっかりとらえている感度が高い事業者は多数います。

2. 競合他社の取り組み

　続いて競合他社での、そのデジタルテクノロジーの取り組み状況を調べていきます。この競合という言葉には大きく２つの意味があります。まず、今回評価分析を行うデジタルテクノロジーの競合サービスおよび企業を調べること、もう１つは読者の皆さんが導入や活用を検討している場合は、皆さんの所属する会社の競合です。

　会社名や組織名と、そのデジタルテクノロジーのサービス名や使っている技術群の名称で検索を行い、ニュースやプレスリリース、登壇など外部発信がないかを調べていきます。

　しかし、何か調査機関を雇う必要はなく、簡単なデスクリサーチで問題ありません。デジタルテクノロジーの最新のサービスや特許技術においては、リリースをすれば見えるものがあります。ステルスで研究開発を行っている段階であれば、こちらでもやりたいと思ったものを彼らに気をとられずに仕掛けていけばいいからです。

　そこで活用やインタビューなどを簡単に収集します。見るポイントは外部ニュース、プレスリリース、相手のアニュアルレポートです。その同じテクノロジーを使ってどういうことをしているのか、どういう意図で利用しようとしているのかを確かめていきます。同業者であればわかることが多いのですが、わからない場合やかなり大きな取り組みである場合は、それも含めてコンサルタントやそのデジタルテクノロジーを持っているベンダー側にヒアリングを行って情報を収集していきます。

　そして、注視すべきなのは、そのそれぞれの隣接業界を見るということです。もっと言うと、競合ではなく、代替品にあたるものを確認すべきということです。なぜならデジタルテクノロジーの活用によって、その会社が未来の競合になって皆さんの会社をリプレースする可能性があるからです。過去の話ですが、楽天やリクルート、SONY などが金融へ参入するということもあるわけです。

図4-2 ｜ 競合分析のイメージ

●ポジショニング
・独自の軸を目指していく
（下記はイメージ）

●マトリクス
・機能を列記して比較する
（下記は筆者が23歳起業時に作った図）

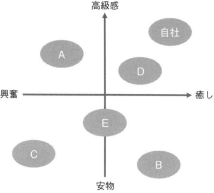

上記はある飲料の市場をマスクしたもの。
恣意的でもいいので、競争力を付けていく。

　上記までのやり方を実施した後、その競合分析でまとめて得たデータを比較表やマトリックスにして、整理していきます（図4-2）。

　競合他社の動向に関しては、これによって相手が自分たちよりもリードを許しているかどうかを確認することも大事ではありますが、ピンチの場合は自分の組織を動かす原動力になっていきます。もし、競合他社がその新しいデジタルテクノロジーに対して積極的に動いている中で何もしていないというのは、組織の意思決定を後押しするきっかけにもなるでしょう。

　競合他社が行っている施策を止めることはできないので、実際に一緒に競争して市場を作っていくのだというくらいの意気込みやマインドセットで向き合うことをお勧めします。

3. カオスマップの読み解き方

　続いて、競合分析でマークすべき他社を見たら、もう一度マクロ視点に戻って、今度はカオスマップの読み方を見ていきましょう。カオスマップとは、業界内を様々なサービスの軸やセグメントで切って、市場に参画している事業者プレイヤー（ときどき法人名ではなくサービスロゴでも俯瞰）を一覧で見られるように整理した図のことです。国内・海外問わずで業界団体や調査機関、シンクタンクなどがこのマップを作っていて、その業界内で関連しそうなテクノロジーを俯瞰できるようなカオスマップが各所で作成されています。

　カオスマップは図4-3の例のように、その業界の主要プレイヤーを一気に把握できます。あるデジタルテクノロジーの事業者や領域を調べる場合に、まずそのプレイヤーが国内であれば国内のカオスマップのどこに位置しているか見るだけで競合の事業者名を把握できます。海外にもこのカオスマップの概念

図 4-3 ｜ 業界のカオスマップ

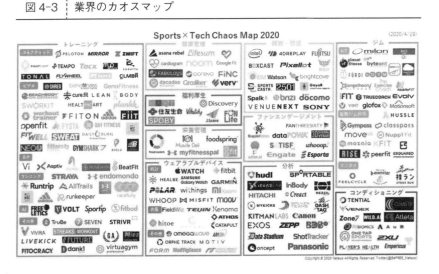

（出典：https://note.com/befree_720/n/na4a3b67cc619）

は浸透しており、その業界の図が検索エンジンなどでも手に入るので、それを見ると海外の環境も同時に理解できます。

　続いて、その中で先述の自社にとっての競合他社が組んでいたり、息がかかっている会社にチェックをつけていきます。また、アライアンスをしている先をカオスマップの同じ調査対象のセグメントに書き入れていくと、どのように競合と組んでいるかを把握できますし、将来の組み先候補になる会社を探すことができます。資金調達などのデータベースやニュースを調べて、その設立や資金調達フェーズが若い会社を見ていきます。

　有望なセグメント内でそのようにして比較をしていくと、どの会社とどのように組んでいくことが有効か候補になる法人をあぶりだすことが可能ですし、評価・分析の観点では類似品をすぐに見つけられるのでそれがどのように位置づけられるのかをわかりやすく示しています。

　その隣接している企業や注目しているテクノロジーの会社にわかりやすい営業資料やお問い合わせ先があれば、実際に会って話を聞いてみることも手です。そのようにしてデジタルテクノロジーを取り巻くプレイヤーの大枠をカオスマップによって整理していきましょう。高度ではありますが、自分で作ってみるということもお勧めです。

　しかし、全体を素早く把握する上では、非常に便利ですが、カオスマップは注意が必要です。まず、そもそもいないプレイヤーがいます。調査時に抜けもれてしまったり、まだ会社設立中のシードで出てこなかったり、国内外で膨大なプレイヤーがいる場合は海外展開とかのせるとわからないです。また、それぞれの会社の関係を可視化しているのではないので、力関係や関連が見えにくくなっていたり、複数にまたがっているときは、それがないことがあります。

　カオスマップの情報を過信せずに、再分析や深掘りをすることで初めてその業界内が見えてきます。結局、追加で市場調査をしないといけないことが多いので、便利だというだけで簡単に納得しない、そういう視点を持つことが重要です。

4. その他のプレイヤーと 5C フレームワーク

　以上、第3章のUI/UXでの体験価値観点での対エンドユーザー分析と、本章での競合や市場の把握をしてステークホルダーを理解していく観点を2章分にわたって見てきましたが、最後にこれらを束ねてベーシックにまとめる方法を紹介します。有名な経営学の環境分析手法である3C分析に沿ってまとめています。ご存じの方も多いと思いますが、環境分析の有名なフレームワークの1つで、Customer（市場・顧客）・Competitor（競合）・Company（自社）の3つの主要プレーヤーの状況を細かく分析していくことを通じて、ビジネスのKSF（Key Success Factor ＝成功要因）を見いだし、自社の戦略を決定するためのものです。

　しかし、デジタルテクノロジーにおいては、前述の通り、システム観点で見たときにも階層性が存在しているため、その各階層での参画事業者と階層の整理をするために3Cだけではとらえきれないプレイヤーが出てきます。

　例えば、コンテンツ提供者としてプラットフォーム上でコンテンツ・サービスを提供し、プラットフォームに価値を生むプレーヤーです。スマートフォンアプリストアのApp Storeの上でアプリを提供する事業者や、LINEにてスタンプを提供するイラストレーター、YouTubeの動画を投稿するYouTuberなどが入ります。また、サービス提供者として、そのApp Store自体の胴元になっているAppleや、配信プラットフォームの「場」となるサービス自体を提供するプラットフォーマーやサーバーサイドでのインフラを提供したり、AndroidなどのOSを提供するインフラ事業者、そして最後にパートナーとして、コンテンツ提供者へのアドバイスや専門の事業や業務支援を行うプレーヤーです。各種代理店や認定コンサルタント、C to Cでの運用代行サービスなどそういった事業者です。

　これらは自社でも競合でも市場でもないので、この3C分類の中には含まれない事業者になるわけです。それらも整理するために、「Collaborator（協力者）：参画事業者や提携先などの支援者のプレーヤー」「Controller（管理者）：

サービス提供者（プラットフォーマー）」の他、プラットフォームを支える
OSやサーバーなど、場を提供するプレーヤーを加えて、これらを2つのCで
表して主にプラットフォーム型の事業であればあるほどに分析ができるため、
「プラットフォームの5C」という名称にしています（図4-4）。

　これは、先ほどの階層性の議論とも紐づいています。実際には管理者には国
の機関だったり、協会などの公的な組織が来ることもありますが、OSを提供
している事業者は管理者になりやすいからです。

図4-4	5C のフレームワーク

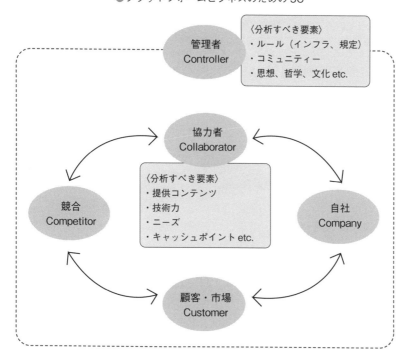

●プラットフォームビジネスのための5C

〈分析すべき要素〉
・ルール（インフラ、規定）
・コミュニティー
・思想、哲学、文化 etc.

管理者
Controller

協力者
Collaborator

競合
Competitor

自社
Company

顧客・市場
Customer

〈分析すべき要素〉
・提供コンテンツ
・技術力
・ニーズ
・キャッシュポイント etc.

（出典：デジタルソリューションを乗りこなせ！ 新規事業開発との向き合い方 No.2
　　片山 智弘　2018年　プラットフォームビジネスの環境分析は「3C」から「5C」へ
　　https://dentsu-ho.com/articles/6198）

　複層性や階層性があるプラットフォームビジネスは、5C フレームを応用することで、各プレーヤーを俯瞰的・立体的にとらえることができます。

　5C でプラットフォームビジネスを分析する際は、自社が所属するレイヤーの前後がどのような構造になっているのか、事業環境を考えることが有用です。日本では既に国内最大級のコミュニケーションプラットフォームである LINE を例にして紹介します（図4-5）。

　この図を上から順に見ていくと、LINE は、LINE 内でスタンプを売りたいクリエーターにとっては Controller（管理者）であることがわかります。一方で、下の階層を見ると、LINE は API（＝ Application Programming Interface の略。ソフトウエアの機能を公開し、他のソフトウエアと機能を共

図 4-5	LINE を中心に据えて考えるスマートフォン市場（階層性）

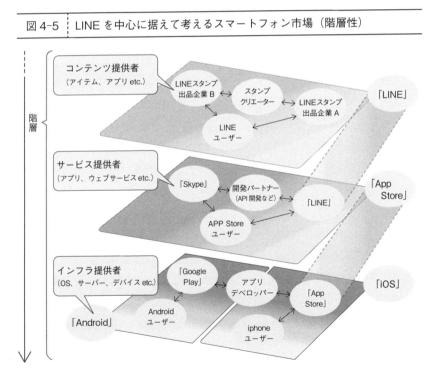

（出典：https://dentsu-ho.com/articles/6198）

有できるようにする仕組み）連携先と多数の協力関係を築きながら、他のコミュニケーションアプリとユーザーを取り合っていることが見て取れます。さらに下の階層では、スマートフォン OS の流通プラットフォーム上で、主要アプリストアの規定に沿ってアプリを提供する１つの協力者であることがわかります。

　お互いの事業者の立場を理解してとらえていくことで、こうしてステークホルダーの関係値を活かして、デジタルテクノロジーの評価・分析を行っていきます。

5. フレームワークの応用

　この第4章までで、デジタルテクノロジーの基本的なサービスの構造を第2章でおさえた上で、第3章での UX と階層性という体験価値の深掘りとどこにそれが位置するかというディティールのミクロな確認、第4章での市場のインパクト、独自の制約という技術そのもののマストレンド把握の観点と、そしてステークホルダーの確認方法を紹介しました。

　ここで、実際に例を見ていきたいと思います。いくつかのケースを見るために実際に筆者が過去に行った分析ではあるものの、企業名は許諾がとれていないものや連絡がつかなかったものは匿名化してマスクした上で、仮で分析をします。サービスの具体名がわからないかもしれませんが、評価分析の活用の仕方を理解するものだということでご了承いただければ幸いです。

（1）アドテク　マーケティング　DMP

　最初の事例として、アドテクノロジーの DMP について取り上げていきます。この DMP はインターネット上に指定のタグが入って許諾がとれたログデータやそのデジタル上の顧客や取引のデータを保存するプラットフォームです。今企業のデータ活用ではこのデータマネジメントプラットフォームが多数つくられて応用されています。

図 4-6 ┆ DMP の模式図

このDMPを構造マップで分類していくと図4-7のようになると思います。
データを貯める部分にたくさんの機能があり、それを引き出せる仕組みを
持っているといえます。しかし、アウトプット部分がこのままでは空白になっ

図 4-7 ┆ DMP の構造マップ

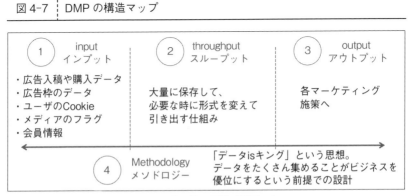

何を貯めて何に使うのかという、①と③の設計が重要になる。

ていることがわかると思います。

　この製品の場合、データをスループット段階で貯めた後の活用先となるアウトプットの機能が非常に重要で、そこをどう設計して使っていくかがカギになっていくことがすぐにわかると思います。

　例えば、そのデータを活かして広告に活かしたり、そのデータを別のシステムへの入力に使ってAIに計算してもらったり、その購買データを分析して棚割りやアプリのUIを出し分けてもいいかもしれません。DMPについてご存知の方は「どうしてそんなに基本的なことを言っているのだ？」と思うかもしれませんが、DMPを知らない方にとっては、まさにそこをどう活かしていくかが評価の仕方になるというわけです。デジタルでデータを貯める有用性もたくさん説明できそうです。それを図4-8のように深掘りしていきます。

　このDMPとして本件の例に出している企業は世界的にも著名な企業になって大躍進を続けています。筆者はサーバーサイドのプログラミングはできませんが、このように通信の環境とベネフィットを見定めていくだけでもこのデジ

図 4-8 ｜ DMP の 6 つのメリット

①	経済性	経済性は最後のアウトプットがないと高いだけになってしまう
②	情報収容性	非常に多くの情報を集約できる
③	偶発性	最適化されていく中でレコメンドができるので、エンドユーザーが思っていなかった消費や情報提供ができる
④	迅速性	このデータを紐づけて広告配信ができるが、データを集めてくる処理でタイムラグが1日発生する
⑤	独自体験性	このDMP単体では、スループットに情報を入れているだけであるが、アウトプットに広告やCRMツールを入れてメールや商品をレコメンドすると、パーソナライズされたコンテンツが消費者に届く
⑥	心理価値性	ぴったりなものがむしろ気持ちが悪いと思うユーザーがいる

タルテクノロジーの優位性を確かめることができたと思います。

　また、ビジネスモデルは初期導入費＋月額サブスクリプションのタイプです。初期導入費については単純なライセンスなので、開発作業がどういったことが必要か内訳をつかんでいく必要性があります。

　続いて UX としては、非常に使いやすく、他のツールとのマージを標榜していますが、実際に営業マンに入れている人の正しい人数やファクトを見た場合に、先ほどあげたアウトプットに対して本当に狙ったことを実施できるかについて注意する必要があります。

　このように知らない製品でも資料を読み込んで一般情報を検索するだけである程度どういったものか素早く全体像をつかんで活用のポイントを見いだしていくことが重要になります。

（2）ヒートマップ　Beusable

　続いて、韓国の 4Grit 社が運営するヒートマップツール Beusable（ビューザブル）です（図 4-9）。ヒートマップとは、サーモセンサーのようなビューを Web サイトのクリックやアテンションのカウントで当てたツールで、アクセスの数だけではなくその画面の中でどこがクリックされたのかなどを可視化する能力があります。

　こちらをフレームワークでまとめてみます。構造マップを重ねて表示して、

図 4-9	Beusable のヒートマップ

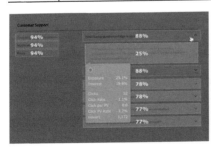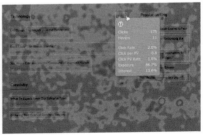

（出典：https://www.beusable.co.jp/）

図4-10 ｜ Beusable の構造マップ

例：ヒートマップツール

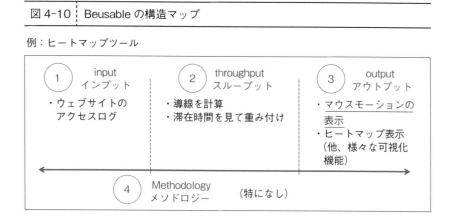

筆者が韓国の Beusable さんと組ませていただく中で、ある有名な競合 A との差異を分析していった事例です。

　図4-10 の下線の項目が、競合 A にはない機能です。これをみると、アウトプットになる機能で、競合よりも優位性を持つ比較が非常に多くなっていることがわかると思います。

　さらに、競合視点でみると、電通にとっての競合である博報堂やサイバーエージェントなどの大手代理店やインターネット専業事業者でも、まだこの会社に注目している企業はいませんでした。

　結果、ビジネスモデルは競合と同じなのですが、こうした多機能であるにも関わらず2018年3月段階ではヒートマップの値段もむしろ安いものだったため、電通とのアライアンスを実施しました。当然、韓国と日本の国際関係そのものに左右されるリスクはゼロではないかもしれませんが、テクノロジーの質を正しく理解することでアライアンスを結ぶことができるわけです。

（3）大手オンラインテレカンツール

　その次は、大手オンラインテレカンのツールを見ていきましょう。構造マップは以下になります。

　このツールは電話回線とインターネットサービスとして使えるし、同時接続

数が高いなど通信力が非常に高いものになっています。他のテレカンツールと同じかと思って比較をしていますが、セミナーモードやカレンダー連携など非常に大きな機能があります。

　また、UXとしても数字の認証コードがあればよく、会員登録も不要なので、新型コロナウイルス感染症対策環境下で非常に優れたUXによって、あっという間に広がり、オンライン飲み会にも使うという単語も出てきました。社会のトレンドにうまく乗っています。他、40分という無料アカウントでも通話がホストとして主催できる機能も非常に便利になっています。

　しかし、このツールは2020年4月現在、セキュリティリスクが指摘されていて利用を禁止されている企業がいくつか出ている状況です。技術仕様的な部分もそうなのですがUX的なハードルが低すぎることでこの認証コードの番号さえわかれば、パスワードや入室待機を設定しないとクラックして侵入されて、知らない第三者が会話に入ってしまう恐れがあるということです。また、データ管理部分で一部海外にログを送信している可能性が指摘されていて、その国を商圏としている企業はこのツールに対して非常にネガティブな印象を持つ人も出てくると思います。その詳しい見方は、次の第5章に記載していますのでそこで見ていきましょう。

（4）　センシング、ヘルステック ― デジタル歩数計

　最後に大手のデジタル歩数計を見てみます。腕に付けるデバイスとスマホアプリをセットで提供して、個人の健康データをモニタリングしてくれるものです。

　まず、構造マップで可視化をしていきます（図4-11）。

　例えば、オムロンの体組成計にセンサーを付けて、身体の動きを合わせてデータベースの中で判断して、睡眠傾向のわかるアプリを出して、それを医学的な臨床エビデンスを出して…これも競合と考えるサービスであったり、自分たちの製品と比較するとここが違う、ということで構造マップを複数書くと競合分析ができると思います。

　この企業はブランディングに非常に力を入れています。デザイン的な使いや

図 4-11 ┊ 歩数計の構造マップ

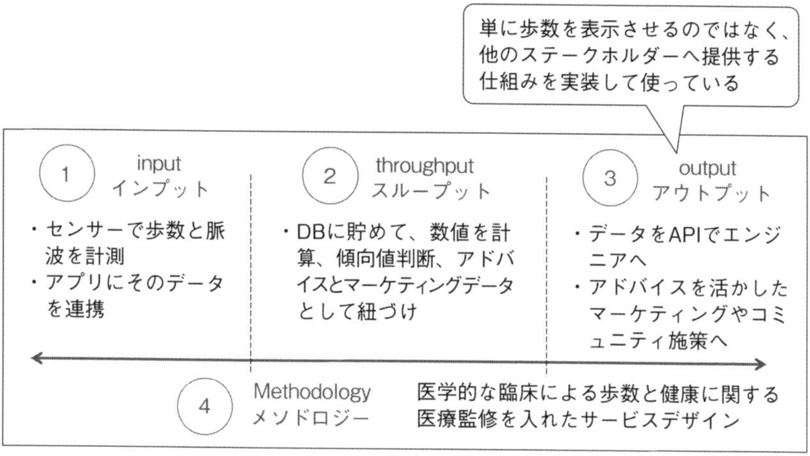

> 単に歩数を表示させるのではなく、
> 他のステークホルダーへ提供する
> 仕組みを実装して使っている

| ① | input
インプット | ② | throughput
スループット | ③ | output
アウトプット |

- ・センサーで歩数と脈
  波を計測
- ・アプリにそのデータ
  を連携

- ・DBに貯めて、数値を計
  算、傾向値判断、アドバ
  イスとマーケティングデータ
  として紐づけ

- ・データをAPIでエンジ
  ニアへ
- ・アドバイスを活かした
  マーケティングやコミ
  ュニティ施策へ

| ④ | Methodology
メソドロジー | 医学的な臨床による歩数と健康に関する
医療監修を入れたサービスデザイン |

すさやスタイリッシュさはもちろん、開発者に向けた API の開放などリファ
レンス（参照）やアライアンスが積極的にできる仕組みを整備しており、非常
に充実をさせています。CES のような大きなビジネスカンファレンスにも頻
繁に出ており、デジタル歩数計やヘルステックで海外のブランドとして一番に
思いつくサービスになっていると言っても過言ではないでしょう。サービス部
分の打ち手が比較的深いので、それをアライアンスで補っていくという思想が
見えます。

━━ **コラム** ハイプ・サイクルをどこで使っていくのか ━━━━━

　ガートナー社の有名なハイプ・サイクルについて、その活用を考えてみましょう。ハイプ・サイクルは、1つ1つのサービスを個別にみることは無理なのですが、おおまかに今どのテクノロジーがどういうトレンドに位置づいているのかを視覚化してわかりやすく表示できるため、ビジネスシーンで浸透している有名なフレームワークです。しかし、「具体的にいつ参入すればいいのか？」「いつが投資判断になるのか？」などの情報は書かれていません。

　このコラムでは、具体的にその読み解き方と実際の活用方法について少し触れたいと思います。

　まず、前提になるハイプ・サイクルの各フェーズの読み方については、ガートナー社の公式サイトにあるので、以下をインプットしていくことがポイントになります（図 4-12）。

【黎明期】潜在的技術革新によって幕が開きます。初期の概念実証（POC）にまつわる話やメディア報道によって、大きな注目が集まります。多くの場合、使用可能な製品は存在せず、実用化の可能性は証明されていません。

【「過度な期待」のピーク期】初期の宣伝では、数多くのサクセスストーリーが紹介されますが、失敗を伴うものも少なくありません。行動を起こす企業もありますが、多くはありません。

【幻滅期】実験や実装で成果が出ないため、関心は薄れます。テクノロジーの創造者らは再編されるか失敗します。生き残ったプロバイダーが早期採用者の満足のいくように自社製品を改善した場合に限り、投資は継続します。

【啓蒙活動期】テクノロジーが企業にどのようなメリットをもたらすのかを示す具体的な事例が増え始め、理解が広まります。第2世代と第3世代の製品が、テクノロジ・プロバイダーから登場します。パイロットに資金提供する企業が増えます。ただし、保守的な企業は慎重なままです。

【生産性の安定期】主流採用が始まります。プロバイダーの実行存続性を評価する基準がより明確に定義されます。テクノロジーの適用可能な範囲と関連性が広がり、投資は確実に回収されつつあります。

(出典：Gatner ハイプ・サイクル https://www.gartner.com/jp/research/
　　　methodologies/gartner-hype-cycle)

　明確に距離感と参入イメージを見極めないと、見ているだけになってしまい

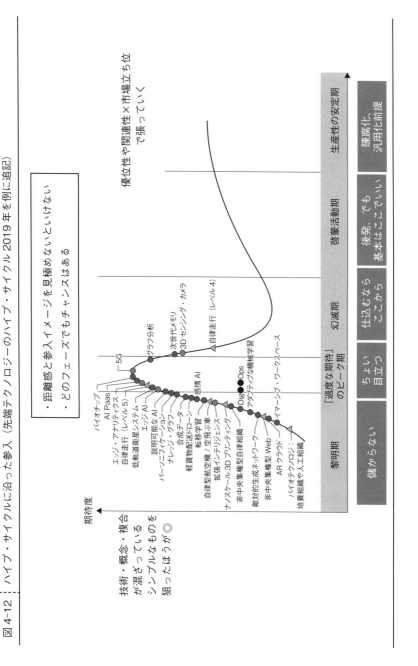

図4-12　ハイプ・サイクルに沿った参入（先端テクノロジーのハイプ・サイクル 2019 年を例に追記）

ます。筆者はこの各フェーズで自社がそのデジタルテクノロジーをどこで参入していくべきかをこのように見ています。

どのフェーズでもチャンスはあるのですが、参入判断のポイントは自社の持つその関連性と、その参入によって目指したい市場のポジションです。

図4-14の左から順に説明をしていきます。まず会社の事業戦略やアセットとの関連性からリーダーを目指していく必然性があるものや、そのテクノロジーの有無で業界自体に変革がされうるレベルものについては、黎明期の最初から知見集積も含めて仕掛けていきます。黎明期にあるテクノロジーで、関係性がそこまでではないが面白い技術なのであれば、まさに本書のフレームを活かして、事例やベンチャー企業を評価・分析するだけでもいいでしょう。

次に過度な期待のピーク時に新たに入ってしまうと、確かにその瞬間はその時流に乗って目立つかもしれませんが、自社の中に明確な勝ち筋がないのにやってしまうとまさにそのまま組織内でも幻滅期に入ってしまいます。大手企業の新規事業部でリテラシーが低い組織がやってしまいがちなミスです。

そこそこのポジションをとって取り入れていきたいときには、幻滅期から安定期に入っていく間に投資して張るのが一般的です。この時期には、失敗される課題がわかっている上での再投資がキードライバーになるので、そのテクノロジー自体にそれまで参入できていなくても、業界の盛り立て直しを支援するので勝ち筋になる可能性があります。

そして最後に、別にマーケットで上位になってまで勝たなくてよく、かつ自社にエンジニアもいないが使ってみたいのであれば、低コストで安心して使える環境を狙っていくことがポイントで、テクノロジー生産の安定期の終わりのほうや啓もう活動期になるまで待っていてもいいわけです。未知の技術を見たときにエンジニアや研究者、筆者のような専業事業者は別として、普通は最初のキャッチアップにも苦戦することもあるかと思いますが、このように先人の知恵を活かして乗りこなしていくことがこれから重要になってくるわけです。

第 **5** 章
デジタルテクノロジーのレギュレーション
観点での評価

これまでの章では、各関係者のポジティブアクションにつながる評価・分析を行ってきました。続いては制約やリスクになる可能性がある観点についての評価・分析手法を順を追ってご紹介していきます。

1. セキュリティ

まず見ていくべきはセキュリティです。デジタルテクノロジーは構造マップで掲示した通り、情報のインプットと処理とアウトプットが体系化されてできているものです。セキュリティリスクとは切っても切れない関係にあります。

セキュリティを見る観点としては、セキュリティ3要素の順守があります。一般的にいわれる機密性、完全性、可用性の対策度合いを見ていきます。

機密性は非常にわかりやすく、情報が漏洩せずに適切に管理されているかということです。この漏洩を守るポイントはリアルでの人的な事故防止と悪意のある攻撃からのプロテクトです。物理的にしていけるのかというのは、前例のオンラインツールのような誰でも入れてしまう仕組みやATMのように後ろから見るように見えてしまったり、入れてしまうUXになっていないかです。ログインがあったときに、デバイスの状態を判定するシングルサインオンといった正業も重要です。iPhoneは失くしたときに探すというのもあるが、そうやってプロテクトができることが非常に重要です。悪意を持って侵入に耐えられるようにハッキングができない構造になっているかどうかは、先ほどの第3章で紹介した階層性で考えていきましょう。OS、アプリケーション、UIにそれぞれ付け込めるポイントがないでしょうか。SSL証明書の暗号カギや、

インジェクションといって、入力スペース内にソースコードを入れてデバックできてしまう仕組みや、無線 LAN などの通信を取るような仕組み自体から傍受するなどもできてしまいます。認証の仕組みがわかりやすいですが、一度会員登録をして仮登録のメールが届いたらそれをクリックして完了するという UI フローになっていませんか。エンドユーザー視点で見るとやや面倒ではありますが、あれは認証を不正にできないようにするための重要な仕組みの 1 つです。SMS でログイン時に何桁かのコードを入れる形式のものなのもそれにあたります。メモリ、デバック、通信それぞれにプロテクトをかけていくことが重要です。

　完全性と可用性は上記の機密性を担保した上で、その守るデータそのものがしっかりと有用なものになっているか、可用性は必要な時にちゃんと使用できるようになっているかを確かめるポイントです。逆に言えば、関係ない第三者が更新できてしまうサービスや、使いたいときにデータがないというのはセキュリティ観点から見てもマイナスであり、これも人的・システム的にリスクヘッジをしていきます。

　とはいえ、我々はその専門家ではありませんので、それをどのように確かめるのかというと、外部機関やレビューの情報を集めて総合的に判断していきます。

　まず、そもそも会社のセキュリティ担当がいるかどうかを見ていきます。セキュリティや個人情報に対して責任者がいてそれが運営されるチームが本来組成されているはずです。

　人的なほうに関しては、それがいるかを見てから普段のデータ管理において、人的な事故を防止するためにやっている対策をその分析対象になるデジタルテクノロジーの担当者にインタビューして、それらをログに残して上記のリスクを軽減します。書類の管理や情報管理で何も回答がなかったり詰まってしまうところでは、まず何もされていないとみていいでしょう。セキュリティについてはいくつかの基準があり、それをベンチマークにするのもいいと思います。もっとも有名なものはプライバシーマークと ISMS（ISO27001）でしょう。これらを取れているかどうかを 1 つの証明に考えることもできると思います。専門書やコンサルティング会社も多数あり、機関に直接問い合わせたり、

対応を徹底していけば取れるものではありますので、本書ではこちらのプロセスについて詳しく扱いませんが、どちらかというと守ることも重要なのですが、あとで責任がわかるかや、必要だといった時には取り出せるかといった人為的なマネジメントにも起因するところに基準が置かれているので、それを1つの目安にするのは悪くないはずです。ISMS適合性評価制度は内容が公開されていますし、情報処理推進機構IPAでもセキュリティマネジメントのポイントは列記されているので、ぜひインプットしていきましょう。

　例えば、第三者での事業者が行っているセキュリティ試験でセキュリティホールの重篤なものがないかどうかを聞いてみます。このセキュリティ試験は大きく3工程を2つの側面で6種類行うのが一般的です。システムはいくつかのモジュール単位に切り分けることが可能なので、その各モジュールの各単体の試験、各モジュール同士の連動した試験、システムサービス内全体を統一して行う3つの結合試験です。

　大枠でいうと、それぞれに内部のソースコードを専門家がレビューする内部の試験と、動かしたときに外からのプレスでセキュリティが突破されないかをみる外部の試験を行う2つの形式になっています。その結果をスコアなどで持っていたり、成績があれば確認してもらいます。アプリケーションやWebサイトなどその中で完結するものはそれでシンプルでいいのですが、IoTなどデバイス間でのやりとりで情報は漏れないかや、電波動作環境など通信の仕方が特殊なものはそれ特有のリスクがある可能性がありますので、それについても詳しく教えてもらって聞いた内容をエンジニアや専門家に相談しながらジャッジをしていきましょう。まとめると、図5-1のようになります。

　守るだけになってしまうので攻撃する側とされる側で考えても、原則としては、矛のほうが残念ながら強いのです。しかし、ビジネスで活用するにあたって、セキュリティそのもの理解を同時にしていく必要性があります。セキュリティがちゃんとできていないものやマイナンバーや健康データといった個人に紐づく貴重なデータを持っているサービスをマーケティングするとハッカーに狙われる可能性が高くなります。デジタルテクノロジーを評価分析活用していく中で、そういった内部を見抜く観点をまずは身に付けていく必要があります。

図 5-1	セキュリティのチェックポイントの概念図

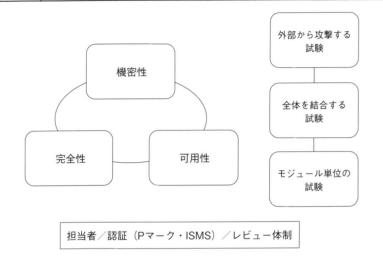

担当者／認証（Pマーク・ISMS）／レビュー体制

2. テクノロジー各分野での独自制約

　評価分析していく上で必要になる観点は「独自制約」です。デジタルテクノ
ロジーの各分野は、それぞれ事業を考えて実行していく過程やサービスとして
提供されていく中で、そのハードルや特徴となる個性をそれぞれもっています。
　これが最も厄介ではあるのですが、本書ではできるだけ法則やフレームな
どわかりやすい規則性をもって評価分析の軸を提示していくことを目指してい
ますが、ここだけは分析しながら導き出すものではなく、帰納法的に発見して
いくしか方法が現在ない反面、新規でテクノロジーを活かした事業を考えてい
く上では絶対に考えないといけないポイントになっています。その制約をわか
らないまま事業を行ってしまうと一気にディスラプトする例外はあるにせよ
100％失敗するだけではなく、その業界の中でのお作法的な意味でもあるので
わからないのに参入してしまったことが露呈して会社のレピュテーションも下
がってしまいます。
　その技術の入門書を読んでから、有識者にヒアリングをする方法が最も近道

になっています。学者であったり、ベンチャースタートアップの経営者や技術責任者、プロダクトマネージャーというような立場の人に会う機会があれば、その人たちに聞けばわかります。講演会やカンファレンスなどに積極的に赴いて話を聞いてインプットをしていきましょう。特にハイプ・サイクルの幻滅期に入る時期に、実際にサービスを運営して失敗する事業者がでてくるので主にその特徴をどうやって打ち破って事業にしていくかという議題になりやすい傾向があります。

　例えば、VRの業界でのトッププレイヤーとされる方や、専門家などに「最近のVRはどんなトレンドがあるんですか？」、「なぜVRはなかなか儲からないのですかね？」というような大雑把なオープンクエスチョンでも喜んで話してくれる人は多いです。最終的にこの例に出すVRの場合は、VRで立体映像をコンテンツで見るときにハードの筐体をどこかしらに置くか、ヘッドセットをつけるかが重要なポイントになるので、そのヘッドセットに違和感があるユーザーは囲い込めないですし、没入感のある3D写真や動画を、簡単に、かつ安価に大量生産する仕組みが今はないのでコストコンシャスになりやすいという制約があります。

　それこそ業界のコンサルタントやシンクタンクが情報として把握しているものも役に立つことがありますが、実際に実装を通してしか学べない場合も多いので、例えばそういう実践者がいるイベントに自ら潜り込んでのヒアリングをお勧めします。いくつか下記にそういった業界の特徴として出てくる制約の例をあげていきます。

（1）　デジタルヘルスケアの場合

　デジタルヘルスケア（健康や医療の領域にデジタルテクノロジーを持っていくもの、ヘルステックともいう）の場合は、UX課題に独自の課題をもっています。皆さんもユーザーとしてもしかしたら実感値があるかもしれませんが、サービスを利用するモチベーションとリテラシー部分に大変大きな課題があります（図5-2）。

　具体的には健康への関心が高い層はプロダクトが余りできていなくてもす

図 5-2	デジタルヘルスケアの 2 つの課題

リテラシー問題

> 「デジタル」と「ヘルスケア」
> 両方のリテラシーが必要になる

- ● ユーザーがスマホなどにあまり詳しくない方も使いうる
- ● そもそもなんとなく不安
- ● 健康の専門用語が難しくて全くわからない
- ● 使っても判断できない、使いこなせない

モチベーション問題

> 健康への低関心層・低関与層を
> どう予防医療へ巻き込んでいく
> コミュニケーションができるのか

- ● 健康は大事。しかし、毎日ストイックには頑張れない
- ● 健康活動は、あくまでも「余暇」に行うもの。
  何かあると優先順位は下がりがち
- ● 予防医療はすぐには効果が現れない／効果を実感しにくい／変化がカタチとして見えるものでもない

● 健康を訴えても反応しない
健康に対する問題意識が薄いので、従来のヘルスケアサービス・商品のターゲットにはなりにくい

❷三日坊主になりがち
自分にあった方法がわからないので、サービス、商品を継続して利用するモチベーションがない

ぐに利用し、低い完成度の場合でも継続利用してくれますが、低関心層になると、UX や作り込まれていても全く刺さらない層が他の業界×テクノロジーの領域よりもハードルが高いことが課題になっています。

　例えば、フィンテック（Fintech：金融×デジタルテクノロジーの造語）であれば、お金と直結しているので、直接的なインセンティブでも動かす力がありますが、健康では歩数を 2,000 歩カサ増ししたところで何にもなりませんし、エドテック（Edtech：教育×デジタルテクノロジーの造語）にしても勉強するなんらかの目的がかないと門戸をそもそも叩かないので、完全に無関心な層もそこではわりきることができますが、ヘルスケアは低関心層ほど不健康で体には課題がある可能性が高いので使ってもらう必要があり、そういう層こそ取り込んでいくことが重要になるためテーマとして難しいというわけです。

　リテラシーとしてもただでさえ、健康に関する知識がわからない一方で、薬事法や医師法の兼ね合いで完結に言い切ってしまい解釈が誤認を与えうる宣伝や UI は禁止されています。また、歩数計や睡眠計など簡単な計器とそのデジタル操作もわからなければいけないため、リテラシーが両方必要になることから新商品の設計が難しいという声があります。

　前者のモチベーション問題のその打ち手としては、「低関心層にはモチベーションの変換」が重要なこともわかっています。「健康になるために」歩数計のアプリを使うとなると全然使ってくれないのですが、例えば、「会社から言われたからやる」とか「異性にモテたいから」「モデルが着ている服が着れるから」など違うモチベーションを刺激する手段として健康を位置づけなおすことが大事になっています。そういった形で体系化がなされているわけです。

（2）ブロックチェーンの場合

　次はブロックチェーンを例にして考えてみます。先ほどのコラムでも一部ご紹介しましたがブロックチェーンとは、各データをブロックに保持する形式にして、それを1つのサーバーではなく、分散型のネットワークで保存・運営することで、非中央集権の状態を作り、改ざんできないようにする新しいデータを保持するネットワークの仕組みです。ブロックチェーンは情報の持ち方自体が他のデジタルテクノロジーと違うため、この技術的な特徴でこれまでのテクノロジーと違うため、人によってはインターネットの次にすごい発見だとか、

図5-3	ブロックチェーンの運営とデータ

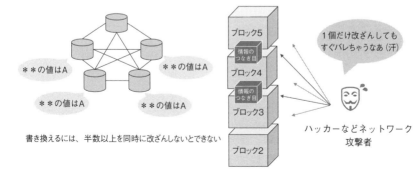

「分散的」な運営の仕組み
・多数決で、正しいことを保証する
・空間的に「改ざんできない」仕組みになっている
・全参加者でこの履歴を保持しあい承認する仕組み

「時間的」な改ざんへの対応
1つ1つの中に入っている「つなぎ目」の部分は「変わった後の値」に変えるのがとても大変。実質的に変更できない。
ここをハッシュ化した情報で保持しているので、外から発見することが困難

**の値はA　　**の値はA
**の値はA　　**の値はA

書き換えるには、半数以上を同時に改ざんしないとできない

ブロック5
情報のつなぎ目
ブロック4
情報のつなぎ目
ブロック3

ブロック2

1個だけ改ざんしてもすぐバレちゃうなあ（汗）

ハッカーなどネットワーク攻撃者

インターネットに並ぶ発見だということが言われています。

　この技術は旧来のシステムとデータの形が異なることで独自性があります。これにより、データをブロックにして保存するときのデータの1個1個の情報ブロック間の継ぎ目に、ハッシュ値という暗号をつけてみんなでまとめて保持をするいるため、改ざんができない、セキュリティが強くなりやすいということ自体が特徴になっています（図5-3）。

　また、コラムの繰り返しに一部なりますが、非中央集権的な分散型ネットワークで情報を保持するため、理論上はその分散ネットワークをみんなで運営してこの仕組みを構築・運用していけばサービスの中央集権的な事業者が必要なくなり、自律分散的にサービスが運営されていくということが可能であると言われています。つまり、銀行や今のGAFA（Google, Apple, Facebook, Amazonなどの超大型プラットフォーマー）が必要なくても、同じ仕組みのアプリケーションを作り、そのサーバーや運用を全員で分散型で運営していけばいいということです。しかし、本書の執筆時点、完全に自律分散で動いている事例は一部の仮想通貨だけで、それも中央で管理するための財団がほとんど設立されています。

　小さなWebサービス1つをみても、なかなかそのように中央集権が実質不在になった運営は充分にできていないのが実態です。この運営者のパワーバランスや運営形態を考えないといけないということがブロックチェーンを今後考えていく上での独自の制約になっています。

（3）AIの場合

　最後の例として、デジタルテクノロジーの中でも最も重要な分野の1つであるAI（人工知能）について考えてみましょう。

　まず、AIでの他のデジタルテクノロジーと違う独自の特徴として「作ろうとしているものに対してどれくらいのAIが必要になるかという見定めがとても重要」になっています。

　具体的には図5-4のように、縦軸を経済価値にして、横軸を認識率にすると、ある認識率以上でなければビジネスとして使えなくなるという技術的な特

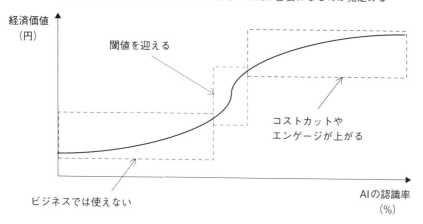

| 図5-4 | AIの認識率と経済価値 |

●作ろうとしているものに、どれくらいのAIが必要になるのか見定める

（出典：筆者が講師をしている AI のイーラーニングスタートアップ、アイデミーが運営
　　　する Aidemy「AI マーケティング講座」での「オープンイノベーションのための
　　　AI リテラシー」）

徴です。

　認識率が作りたいサービスの満足度に依存するという関係になっていると
いうことです。他のテクノロジーと異なり、もともと AI では100%が判断で
きる必要はないものの、エラー率が何%だと困るのかという視点が非常に重要
になります。

　実際の例をあげてみましょう。例えば、ある芸能事務所の新人アイドルの
オーディションを AI でやる仕組みを作るとします。そのための教師データ（＝
AI に勉強してもらうためにインプットをするデータのこと）として、これま
でのその芸能事務所の同年代のアイドルや今世の中で人気のアイドルを入れ
て、その写真と、オーディションで応募してきた写真を対比する AI を回せば
いいのでしょうか。

　しかし、この例でいえば、アイドルのそのときに出したい曲のイメージに
よっても全然違うと思いますし、声やしぐさなどもアイドルでは重要だと思い

ますが、それでは動画の解析まで必要になります。時代とともにそれらも変化する可能性や、共演者やそのアイドルが配信されるチャネルによっても違うかもしれません。そうなると、正解がないので AI の仕事は明らかに外れの値の応募者を排除することだけになります。そのため、この場合は認識率が多少低くても大丈夫だということがわかります。

　一方で、電通でプレスリリースが出た事例で、まぐろのしっぽを切ったときにその脂身の量でマグロの値段が付けられ、築地の職人技を AI 化するという取り組みの例を見てみます（図5-5）。

| 図 5-5 | AI マグロ |

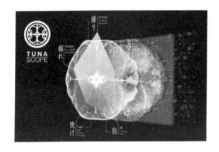

　この場合は、職人技の部分代替ということなので、しっぽの数値が正しく出ないと、格付けの数値が違うので価格が変わってしまいます。尻尾を認識できないといけないので一定以上の高い精度が必要です。あとでもう 1 回人間が簡易チェックで見ているのかもしれませんが、その一定以下の精度だと職人さんの業務負荷も下げることができないため、そこの設計が非常に重要になるということがわかります。

　そして AI は他にも独自の制約としてできないことが 2 つあります。

　まず、人工知能というぐらいなので、人間の知能的な動きを代替していくことが重要になってきますが、あくまで「人工的な」存在なので責任が取れないということです。例えば、先述のマグロの価値判定でミスがあり 1,000 万円の損害がでた場合や、医療のがん診断をミスしてしまい人が死んでしまった場

合、結局、人間を誰か責任者として立てないといけないということです。技術そのものが製造物責任法が適用される範囲以外では責任をとれないことは当たり前ですが AI は人間の作業そのものを代替する存在なので、その部分がなおさら大きく特徴として出るというわけです。

　また、メソドロジー化が一切できないこと、データ化できないことなど、デジタルとしてそもそも認識ができないことは、AI では当然できないことになります。例えば、感情を判断できる AI というものを作っても、ある A さんが怒っている原因の一覧を入れて、その怒り度合いを 10 段階に設定をしておけば怒るという事象は認識はできますが、その原因の 1 つでなぜ A さんが怒るのかどうかが、データに入っていなければ理解できないのでわからないということです。

（4）　独自制約を打ち破るために

　以上、独自の制約や条件が、各テクノロジーの分野によっても違っていて、それをとらえることが生活者または事業者として、デジタルテクノロジーを乗りこなす上でも重要であることをご理解ください。

　独自制約は、陥りがちな問題点をまとめて開示している書籍や Web 記事、機会も多数ありますし、業界の中を少しでも調べて接触していればインプットできる内容でもあります。この独自制約自体を打ち破るブレイクスルーを作れたらそれはそれで素晴らしいことですが、まず我々はこのインプットを適切に行って事業のリスクを減らしていきましょう。

3.　知的財産確認

　続いて、そのデジタルテクノロジーの技術そのもの、またはサービスにおいて、知的財産があるかどうかのチェックをしていきます。この点について、詳細は弁護士や弁理士が書く専門書籍をご覧いただき、デジタルテクノロジーを評価分析していく上で必要になる要点を簡単にチェックして知的財産の種類を確認していきます。種類としては、商標、意匠、実用新案、特許の 4 つと最近

ではビジネスモデル特許の5つがあります。そして海外のものか日本のものか
というポイントがあります。最後にその特許をサービス内にどれくらい使って
いるかを定性的に確認していきます。NDAが締結後にその特許の類似特許が
無いかや、その特許を買い取りたいというニーズがあるのかなども確認して調
べていきます。

　しかし一方で、注意が必要なこととして、知的財産は保有していることにつ
いてコスト以外のデメリットはあまりありませんが、製薬企業における創薬や
家電メーカーや自動車メーカーなどのハードウェアのテクノロジー開発に比べ
た場合は、ビジネスの面では残念ながら決定的な差になることはそれほど多く
ないということを頭に入れておいてください。

　ですので、「知的財産がないからこの会社がダメなんだ！」と考えるのでは
なく、「あ、こういう技術で特許を持っているのね、素晴らしい！」とプラス
で加点評価する観点として見ていくほうが良いと思います。

　一方で、特許や実用新案などを申請した場合、その権利は特許が20年、実
用新案は10年守られますが、その知的財産の概要は公表されてしまうので、
その知的財産の内容について、一部仕様が出回ってしまうので、その対策やそ
れと類似した動作を違うアルゴリズムで再現できるような仕組みによって模倣
されてしまう可能性があります。

　日本国内でも会計システムのfreeeとマネーフォワードが特許侵害に関して
国内で訴訟があり、freeeが敗訴したことがニュースになりましたが、そうい
う僅差になる開発技術においては知的財産の優位があるほうが重要になること
があるということです。

　その差も埋められるようなビジネスの磨き込みがある場合は、freeeはその
機能を失ったり、制裁金を払ったりしていましたが、2019年に上場を果たし
ています。もしこれがデジタルテクノロジーでなく、ハードやものづくりで、
例えばある疾患に効く医薬品だったら、特許が独占された時点でその1事業部
が全てなくなってしまい、1社独占になることが挙げられます。

　この他にも、業界は違いますが、ゲーム業界でプログラムをめぐって訴訟が
起きている事例が多数あります。ゲーム業界は特徴として人材流動性が高いた

め、各社のそれまでのノウハウが簡単にそのプログラマーやディレクターの転職によって結果的に実施されてしまう可能性があります。あくまで、この裁判の詳細内容や個社についての意見ではなく、デジタルテクノロジーは簡単に侵害することができることや、もし誤りだとわかったらリカバリーをしていけばいい部分も多いことを認識してもらえたらと思います。

　商標については、商標情報データベース「J-Plat Pat」に書いてあるので、その技術名が侵害していないか、申請されているかは一発で確認することができます。しかし、法律の専門家ではない我々がいきなり特許や実用新案権の保有状況まではわかっても、その侵害の可能性をリスク判定して網羅的に確認していくのは、非常に困難になります。もしデジタルテクノロジーの事業者が特許を侵害している可能性があることを知りながら、読者の皆さんに接触してきて、その後で何か被害が起きて使えなくなるということも起こり得ます。パテントがたくさんあることで、会社の評価額を高く見積もってもらえることがあるのです。

　これらの権利所在を整理していくことも必要です。自社のものなのか他社のものなのか、フリーライセンスの無償のコードなどを使っているのかといった、デジタルテクノロジーの中で権利化されているものがどこに所属しているかもこの過程で明確にしていく必要があります。

　実務において毎回すべて必ずその1つ1つの会社に対して確認を行うのは現実的ではないかもしれませんが、その可能性がありそうなときにはすぐに知的財産分野に強い弁護士・弁理士へ相談をしていきましょう。特に大きな投資判断を行う場合は、その調査費を払ってでも調べることをお勧めします。逆に評価分析対象のデジタルテクノロジーが他の事業者の権利を侵害していたなどということがあれば、それこそ大問題になります。

　ただし、海外において進出していく場合はアメリカや中国もそうですが、海外は企業の訴訟文化があるため、簡単に訴えられてしまったりします。現に例えばFacebookは特許防止策として800件近い特許を事業拡大の中で他の企業から買収して保有していることは有名です。しかし、創業者であり開発者でもあるマーク・ザッカーバーグ氏自身が発明筆頭者になった特許はわずか6件

しかないわけです。もしかすると買収したものの中でも今サービスに使われているものもあるのかもしれませんが、あくまで保険や防衛策としての戦略になっているほうが多いと思います。海外戦略を立てることが前提の企業であればそういったパテントの状況を調べていく必要性があります。

オープンソース化することで収益を稼いでいる会社も多数ありますし、これまでに書かせていただいたようなサービスの構造や UX に起因する要因のほうが事業優位になりやすいからです。繰り返しになりますが、あればプラスであると考えていくほうが、実際はわかりやすいかもしれません。

4. 規制と標準に関する理解

最後に、規制や業界標準の存在を調べていきます。テクノロジーによっては使う上で規制が敷かれていたり、業界標準が決まっているものがあります。

規制で有名なものですと、ドローンがあります。日本でも飛ばす際や操作について資格や届け出、領空への配慮が厳しく体系化されていますが、ドローンはそもそもの出自がラジコンでの兵器としての利用から始まったテクノロジーなので、特に規制が厳しく考えられやすいものになっています。アメリカでは250 グラム以上の全てのドローンに飛行追跡機能をつけるかどうかの議論が始まっています。もしこれが可決されると、今後アメリカでドローンを販売または管理する事業者は全員がアメリカ政府に飛行履歴を入れる仕様になり、それに対応していないドローンを勝手に利用したら行政処分や逮捕・訴訟になる可能性があるということです。

他にも、デジタルヘルスケアは特に業界の社会観点でのルールが人命を扱うからこそ厳しいことも特徴です。メディカル領域に少しでも踏み込む事業であれば治験とエビデンスを求められますし、医療機器の事業であれば医療機器認証を取らないとそもそも販売すらできません。金融商品などでも一部そうですが、表現なども厳格にルールが決まっていて、医薬品、医療機器等の品質、有効性及び安全性の確保等に関する法律、通称薬機法でもあるデジタル系の広告代理店の社員がその広告効果の書き方に違法性があり、コミュニケーション施

策の一部が原因で逮捕された事件が起きています。デジタルヘルスケアはマネタイズが大変ですが、健康は全ての国で課題になっており、日本と違って海外では特に保険の仕組みが脆弱なためワールドトレンドで見ても伸びている領域ではあります。しかし、規制と標準に対して理解がない事業者が単に儲かりそうだという理由だけでは参入しにくい世界になっています。

　そういった知見がない場合は、いきなり正面突破をせずにβ版や個人利用の範囲など合法スレスレのところで事業テストを実施したり、ベンチャースタートアップの場合はそれが合法の国や規制されていない国から実施していき、その戦略を日本に逆輸入するなどの方法もあります。しかし、明文化されていないからといって、法規制上のグレーゾーンへの抵触は、それによって様々なリスクを伴うため、慎重にアプローチをしていきましょう。こちらも決して自分でインターネットの検索結果などを見て判断した情報で勝手に判断をするなどは決してせずに、上記の知的財産と同じで、必ず丁寧に専門家との確認ステップをつくってください。こういった規制がある場合にはその事業を行っていく国（本書の場合は大半は日本だと思いますが）の法律に詳しい弁護士や弁理士へすぐに相談しておきましょう。考えてどうにかなるものではありませんので、すぐに社内弁護士・弁理士の胸を借りていきましょう。かなり現行規制上スレスレの内容を行う場合は、必要に応じて意見書を出してもらうことも有効でしょう。官公庁はそういった書類や調査結果、見解書などを実はかなりオープンにしていますので、それに沿って実施していくことが重要です。

　例えば、国内ではサンドボックス地区を作って、その特区内で実証実験を行うことがあります。そういう官公庁が出している案内や自治体情報を素早く集めることも重要になります。近年、自動運転の実証実験が全国各地で開催されているように、技術に便益があるものについてはそうやって政府側も規制緩和を考えてくれるところもあります。実施側でどうしてもそのルールを取りに行かないといけないときは、そういったパブリック情報の収集だけではなく、ルートがあれば審議会やコンソーシアムに参加して意見をまとめたり発信する側になるようにうまく立ち回る、いわゆるロビーイングをしていくことが求められます。日本の霞が関の官僚たちの動きに合わせていると、ビジネスという

視点でみたときに非常に時間を使ってしまうので、そういったチャンスを確実に取りに行き、司会をしたり意見書を出したりして、その流れの中心にビジョンを据えて自分が入っていき、規制緩和を推し進める一助を担うというかなり戦略的な広報および渉外活動が必要になると思います。

コラム 仕事を創る IT ──────

昨今、デジタルテクノロジーによって生活が便利になる反面、IT、特に AI によって「仕事が奪われる」という議論が盛んに行われています。AI などは実際のアウトプットにおいて人間の PC 業務などの一部を自動化して代替できるため、それを担当していた人間が必要なくなるので、いらなくなるだろうということです。

それについて筆者はかなり懐疑的な意見を持っています。確かに人間の仕事の総量は AI によって減り、総合的な生産性も上がると思いますが、短期的には AI や IT が苦手な右脳の活用や判断・責任などの主体が必要な活動において、大きく３つの方向性で新しい仕事ができると思っています。

１つは、その時間でよりアートなど右脳を使った仕事が増えていくのではないかということです。「デザイン」や「写生」はある課題を解決したり、正解があるコンテンツを作るために最適化していく活動ですので、いつかは AI に置き換えることが可能だと思います。現に電通では、単語をいくつか入れると AI がキャッチコピーの候補を出してくれる AI コピーライター「AICO」などを持っていたりします。しかし、アートは新しい視点をゼロから（厳密には過去の体験やモチーフなどもありますが）出していく行為なのと、そもそも何を作るのかテーマや方向性を自分で決めないといけないため、今の AI では非常に苦手な分野で仮に「AI でアートを作るぞ！」といってもデジタルメディアアーティストが何らかの方向性を示さないといけないので、AI は絵の具やペン、illustrator のアイコンと同じく道具に過ぎない感じになります。

次は、IT が新たな仕事を作ってくれるという点です。例えば、電通で筆者が仕事で用いているツールに wacul（ワカル）という会社の AI アナリストというサービスがあります。Web サイトのアクセス数などを解析する Google Analytics に附番されている ID を入力すると、その数値を解析して他の事例の数値を参考に計算をして、その Web サイトにある改善すべき課題、例えば

「トップページの画面で離脱率が高い」といった、その課題の重要度をアウトプットしてくれるシステムがあります。この wacul システムは、その課題の方向性までをアウトプットして正確に診断しますが、その課題を具体的にいつまでにどうやって誰が直すかは教えてくれません。むしろそこから「じゃあどういうデザインに変更するか」という実際の制作の現場や、「この課題のほうが確かに改善率は高いが、こっちの課題のほうがすぐに治せるので先にやっていくのはどうか？」といったような精査や判断をしていくことは、非常に介在価値があるクリエーティブな人間のほうが得意なポイントになっています。今回のフレームワークでいう、アウトプットの部分やインプットの部分で人間が手を加えていかないと満足度が上がらないか、人間が手を加えることで、さらに良いものができるそういうサービスがたくさん出てきています。

　最後に、デジタルテクノロジーの管理者という仕事ができる点です。AIの独自制約の例のところでも触れましたが、システムエラーはプログラムに起因したものは制作した制作者か所有者が、データを入力するデータが間違っていたらその入力した人が、アウトプットされたデータやモノが使えない場合や迷惑をかけた場合はそのデータを作った人間が、それぞれ責任を負います。そして、そのシステムの運用保守が別の会社だったり、デザインを違う会社が行ったらその会社だったり、とにかくデジタルテクノロジーは基本的に共同で運営や利用がされています。

　作ったあるいは導入した製品やサービスを皆に有用に使ってもらうために、トラブルシューティングをしっかりして、重要な局面では責任を取る管理者の手腕や信頼性が大事になってくると思います。

　また、上記とはもっと別の観点で残酷な視点にはなりますが、現在の技術力だと、「人間のほうが安い」作業も残念ながら多数存在いたします。例えば、パワーポイントの印刷物に手書きでメモ書きした図などの修正を入れて、その紙を受け取ってクラウド上のパワーポイントファイルを反映するという業務がある場合を考えてみましょう。それをデジタルテクノロジーで実現するにはまず PPT の修正した内容を読み取り、その画像を認識して修正ポイントを洗い出し、そのパワーポイントファイルから最も近いオブジェクトを選択して、それを反映するソフトウェアを作っていく必要がありますし、執筆者がもし誤字を入力してしまった場合を想定して表記ゆれや、文法理解を修正できるエンジンを入れながらやれないといけません。この場合はそもそもペーパーレスかつ、修正する図への修正ロジックを電子化して予めインプットして運営できるよう

にしておく必要があり、本気で全部をデジタル化しないとコスト削減ができないのです。完全に決まりきったもの以外は安価にできないことを考えると、今は人間のほうが安いわけです。

　その上で、冒頭で「短期的には」と述べたのは、いつか機械やロボットが、機械が完全に人間と同等になるか超えてしまった場合や、また今の市況では考えられない超廉価にこういったテクノロジーを活用できるマシンを量産できる体制が生まれた場合は、この前提は使えないからです。「ドラえもん」や「鉄腕アトム」、映画「マトリックス」などのアニメや漫画の世界ではないですが、その時は機械の人権についての議論が出たり、今と全く違うメソドロジーが適用されていくと思いますし、もはやそれはプログラミングではないもので情報技術自体が作られている可能性があります。

　デジタルテクノロジーはどこまで進化すべきなのか、どこまで発展していくべきなのかについても、自分の意見を持っていくべき時代に来ているというわけです。

第 **6** 章
デジタルテクノロジーの活用に向けて

　これまでの第2章〜第5章までで、技術をとらえて、導入および事業として使っていくための重要なポイントをフレームワーク中心に見てきました。

　本章では、その評価・分析に沿って精査したデジタルテクノロジーを、会社の中で実際に調達・導入して、社内に説明して、導入後も使いこなしていくときに重要になるポイントについて詳説します。

　前半にマインドセットの内容を、後半に具体的にどのように商談をしていくべきか、そして、社内に話して導入していくべきかをまとめてお話します。

1. 理解のためのマインドセット

　まず前半としてマインドセットについてです。これはデジタルテクノロジーの評価・分析の前後に、実際に社内説明をしていく場合や、そのデジタルテクノロジーを持っている企業と折衝をしていく上で皆さんの心にとどめておく前提になるポイントを共有していきます。デジタルテクノロジーの利用や導入においては、以下の5つのことを最初にインプットしてからその業務やプロジェ

図 6-1 ┊ 理解のための5つのマインドセット

> ①自分が知るべき範囲を知ろう！
> ②開発者をリスペクトしよう！
> ③堂々と素人を自負して質問をしよう！
> ④技術には寿命があるから注意しよう！
> ⑤バズワードはその意味と定義を明確にしよう！

クトに臨むことが重要だと考えています（図6-1）。

　このマインドセットは、実際に運用フェーズに入ったり、今後、事業開発や投資をしていく上でも最初にテクノロジーに専門職ではない人がキャッチアップしていく上でも重要なポイントになります。順番に見ていきましょう。

（1）　自分が知るべき範囲を知ろう！

　最初に考えておくべきことは、自分が知るべき範囲を知るということです。これからデジタルテクノロジーを覚えていく上でそのプログラムを書ける必要が必ずしもないことはご認識の通りですが、大きく3つの視点で自分の知識としておさえる範囲がどこにあるのか確認していきます。

　まず、ゴールについてです。デジタルテクノロジーを持つ会社と自社の取引の出口は購入・提携・投資の大きく3つに分かれます。

　今回自分が行おうとしていることは購入なのか、投資なのか、提携やバーターのように金銭以外のお互いの資産を持ち出すものなのか。それを意識していくと商流の中での経済条件で、別の選択肢を考えずにシャープにとらえることができます。購入ならば、この後の本章の内容を読めば一旦留意点は充分でしょうし、事業でしたら前の第4章や第5章にあったような市場ポテンシャルや規制など、全体のマクロトレンドもビジネスモデル構築と併せて必要になるでしょう。提携や投資ならば、それをさらに深掘りしていくことが必要です。

　次に、役職の観点から考えることを意識していきます。デジタルテクノロジーを扱うことになる経営者、現場の管理職や責任者、一般従業員で同じゴールに向かっていても持つべき視座が異なります。それによって特に重点的に知るべき範囲があります。

　経営者は会社全体の視点で見て、会社にとってのメリットを考えていくべきです。現場管理者にあたる人は、上下への説明責任を持つ保証や安全性を意識していきます。一般担当者は、実際に自分が運用する詳しい操作を知るべきでしょう。

　特に経営者は、この技術自体が今後会社・業界にどういうインパクトを与えるのか、上記3つの全ての視点を持っていることがベストになります。経営陣

であるにも関わらず、目先のことしか考えられていない場合や、管理職や責任者にも関わらず、しっかりとアカウンタビリティが果たせないなどは導入がうまくいかなかったり、あとでトラブルに見舞われる可能性があります。ただし、一般従業員が上の役職者の視点も慮りながら考える分には良いと思います。

　最後に、そのデジタルテクノロジーとの付き合う時間軸や距離感を知るべきです。やや漠然としているかもしれませんが、今後何十年もこの技術にビジネスとしてお世話になりそうであれば、できるだけ詳しく知る必要があるでしょう。

　一方、短期的なものや、各論のために使うテクノロジーであれば、わざわざ深く理解をする必要はありません。今回の評価分析手法にそったフレームで理解した上で、使いこなせれば終わりでいいでしょう。前者の場合は専門書を読んで理解したり、後者についてはその都度インターネット検索するなどして、インプットしていけば大丈夫だと思います。

（2）開発者をリスペクトしよう！

　次に認識してほしいことは、開発者へのリスペクトをしっかりしていくということです。競合商品をいくつか比較検討を重ねていると、あたかもそれが当たり前に感じてしまうことがありますが、そもそもエンジニアや研究者の皆さんは、一般の人では自社では作れないものをその高い技術力で作っているリスペクトされるべき存在なのです。海外との人材競争のおかげで、最近は日本企業でも研究者やエンジニアに対して非常に良い待遇で迎える会社が増えてはきていますが、実際にまだまだその素晴らしさを正しく理解できているのかなと思う事業責任者や担当者が多数見受けられます。

　これは当然な話でもあるかもしれませんが、発注者や決裁者だからといって業者やお客様感覚で絶対に偉そうにするなどは厳禁です。ベンチャー企業は特に同業界内でもスタートアップ同士でも経営者同士が友人だったり、大手企業の特定分野の研究担当などでも、学科がそもそも理系学部で同じ学年などが学会で定期的に会うなどがザラにあります。いい意味でも悪い意味でもうわさや評判の伝搬しやすい「村社会」ですので、お互いにNDA（機密保持契約）な

どを結んでいたとしても、もしそういったことをした場合の悪い評判はすぐ伝わってしまうと思ったほうがいいでしょう。

　また、エンジニアやプロダクトマネージャーは、大半ですが特に自分が作ったものに愛着や誇りを持っています。良いと思ったら素直に「いいですね！」「すごいですね！」と、一見すると薄い言葉になってしまうかもしれませんし、「本当に進むのかな？」と思ってしまうかもしれませんが、左脳的なフィードバックではない合いの手に近いものを入れるだけで、担当者が盛り上がっていろいろ話してくれ、自分の知らないことを教えてもらえることがあります。根性論だけではなく、今回想定読者であるデジタルテクノロジーの専門家ではない、むしろ初心者寄りの皆さんが立ちまわっていく上でどんどん有利になるわけです。

　ハードや美術品、伝統工芸といったアートと同じように、作り手あってのデジタルテクノロジーなのです。

（3）堂々と素人を自負して質問をしよう！

　実際にいざ説明を聞いてみると、よくわからないことがたくさんあります。特にこれはもしかしたら偏見に聞こえてしまうかもしれませんが、そのソリューションを持っている会社の経営陣やエンジニア、研究開発の部門の方など長年その領域にいる時間があればあるほど、専門的な言葉であってもその単語自体が当たり前のように感じてしまっていて、そのままわかりにくい言葉で説明してしまう傾向が強いです。

　そういう時に気後れをしてしまって、「馬鹿にされるのではないか？」「知っていて当たり前のことなのではないか？」と思って、わからない言葉が出てきたときになかなか質問しにくいことがあると思います。しかし、そういうときこそ素人として堂々と質問をしていきましょう。相手が年配で聞きにくかったり、不勉強なことが恥ずかしかったり、プライドが邪魔をする方もいるかもしれませんが、逆の立場で考えたときに、自社のソリューションに対して可能性を感じてくれて、購入したいまたは事業提携や投資をしたいと思ってくれている人を嫌だと思うでしょうか。

　もちろん前項のエンジニアや研究者、開発者さんへのリスペクトがあること
が大前提ですが、そういう姿勢であっても興味をもって話してくれている人を
邪険にするような会社は最初からうまくいかないと思いますし、そういった会
社は企業体質自体にそうやって初心者のユーザーを大事にしない文化が根付い
てしまっている可能性があります。そのため、よほどの希少性や経済メリット
が無い限りはそういった会社とは付き合わないほうがいいと思います。

　聞き方にもポイントがあります。この内容に関してはまた補足しますが、
ちょっと聞くのに戸惑う質問も「基礎的な質問ですみませんが…」「素人質問
で恐縮ではありますが…」「プログラマーではないのでわからなくて申し訳ご
ざいませんが…」などのクッション言葉を入れながら話すと丁寧になります。
そういう向き合い方をするだけで非常に円滑なコミュニケーションがとれま
す。

　また質問は、周囲の一緒に聞いている同僚たちも理解できていない、または
誤認や充分な知識が入っていない可能性もあったりしてそういう意味での認識
を平準化させるメリットもあります。デジタルテクノロジーの新しい分野であ
ればあるほど全員知らないのが当たり前ですし、年次などもまったく関係あり
ません。知ったかぶりをしてビジネスチャンスを不意にすることのほうが大き
なリスクですので早急に聞いて解決していきましょう。

（4）　技術には寿命があるから注意しよう！

　デジタルテクノロジーはどんどん新しいものが出てきて栄枯盛衰を繰り返
していきます。

　導入を考えていく中でもその寿命をしっかりと見極めていくことが大切で
す。スペックを考えるにあたっては、エンドユーザー向けの製品を1つのベン
チマークにしてみるのも手です。家電量販店の売り場で一番多いOSは何か？
ソフトの型番でもっとも売れているのは何か？　それがマスでかつ、一般向け
に販売できるクオリティになるので、それを前提にしてそれより進んでいても
遅れていても、エンドユーザーでもある従業員の中に困る人が出てくるという
ことになります。

　また、調達交渉や内容において、新規性を下げて安いものを購入することになることもなくはありません。会社用のスマートフォンを購入したらその直後契約終了時に新機種が出てくるなどということだってあるわけで、そのトレンドをとらまえて話をしていくことが非常に重要になります。

　社内でも古い技術を使ってしまうと生産性にダメージが出たり、リスクが上がることが多々あります。昨今はかなり良くなってきましたが、まだ保証が終わった旧式のOSが入ったPCで仕事をしている大手企業がたくさんあります。大変失礼な言い方になってしまいますが、ただの職務怠慢以外の何物でもないと考えています。基本的には最新のアプリケーションのほうがセキュリティ観点や動作性においても優秀ですし、そのレベルの更新情報のキャッチアップは簡単な検索や習熟でも充分リスクヘッジができるからです。

　こういった行為は生産性を損なうだけではなく、先進性を失って人材がどんどん失望して優秀な人から流出していきます。自社でセキュリティ検証を内製で非常に精緻に行える場合を除いて、そういったアップデートをある意味攻撃的にできる会社のほうがこれからの時代には即しています。もちろん金額および導入や習熟の手間という両面のコストとの天秤もありますが、まずは主体者として読者の皆さん自身からでもどんどんアップデートをしていく、またはそれを働きかける存在になっていきましょう。

（5）　バズワードはその意味と定義を明確にしよう！

　マインドセットとして最後にインプットすべきことは、デジタルテクノロジーのバズワードに対しての向き合い方と解釈の仕方です。Fintech, Edtech, Adtech…など業界名×Techで表されたバズワードや、先述したハイプ・サイクルに出てくる「ブロックチェーン」「AI」といった各デジタルテクノロジー領域、そして最後にそのテクノロジー領域に対応する個別の会社名や特許技術などがあります。

　しかし、このバズワードはいくつかの分岐で解釈をしていく必要があります。同じバズワードでも各関係者でどこを見ているのか見極めていかないといけないのです。具体的には、業界有無の確認、技術か概念か、技術のどの階層

か、特定か非特定か、どこまでの範囲かの5つを見て分けていきます。

　例を考えてみましょう。例えば、「MaaS（Mobility as a Service）」は複数の技術とビジネスモデルについても意味が内包されています。「自動運転で社内環境のデータに合わせて音楽をレコメンドするサービス」「カーナビの音声入力スピーカーへ話すだけで位置情報を分析して近くのお店のものを買っておいてくれるサービス」「自動運転で観光者に周遊体験を提供する運ぶタクシー」といった具体的なサービス案も「MaaS」ですし、「クルマに乗るときに使うアプリ」「ICTでコミュニティ連携したカーナビシステム」といった漠然とした企画にしても、全て「MaaS」といっても大きな間違いがないのです。どれも全然違いますが、全て「MaaS」の概念を体現したサービスの1つです。

　このように考えるとわかるように同じワードでもその認識や解釈が重要になってきます。例えば社長が「これからはAIにわが社は力を入れるぞ！」と言っているときを考えてみても、「人工知能」「自分の業界×AI」課題は、自動化すれば解決すればいいレベルのものもありますし、実は知人の経営者から聞いただけで特に深く考えていないかもしれませんし、会社の次の軸にするくらい自社のエンジニアへオートメーション化の延長にあるテクノロジーリテラシーの向上を狙っているかもしれないわけです。

　これからデジタルテクノロジーを評価・分析して、普段の業務だったり、この後の章にある事業などに役立てるぞ！　と意気込んでいるときに、このようにチーム内で同じものに関して認識が異なってしまうと、その後の計画に進めなかったり、肝心な場面で見解が分かれてもめてしまう可能性があったりと非常に致命的です。

　本書をここまで読んできている皆さんはそういった心配がないのかもしれませんが、皆さんと組織で一緒にプロジェクトを行うメンバーがデジタルテクノロジーのバズワードに対して過剰な期待をしてしまっている場合がよくあります。そういうときは冷静に諭しつつ、どこにどう役立つのか、何ができるのかファクトベースで議論を持っていくことが非常に重要です。その議論を先導する人材に皆さんはなっていきましょう。

（6）　マインドセットの重要性

　いかがでしょうか。テクノロジーに対しての向き合い方として最初の３つが
謙虚さ、後半の２つが現実にしっかり向き合うことが重要であることがわかっ
たと思います。このマインドセットをもって物事の本質を見ていく力が重要で
あるということです。

　本書では対象外ではありますが、実際に優れた研究職やエンジニア開発職の
方々で活躍している人たちも、スキルだけではなく今回の５つのマインドセッ
トを持っていることがほとんどです。こういったマインドセットをもってフ
ラットにそして謙虚に新しいテクノロジーやメソドロジーに向き合っているこ
とで、イノベーティブな技術や研究ができるのだと考えています。

2.　デジタルテクノロジーを持っている担当者との話し方

（1）　導入時の確認ステップ

　以上、理解のための５つのマインドセットをインプットしたところで、第６
章の後半はいよいよ実際にそのデジタルテクノロジーを持っている事業者への
商談や折衝を行っていきます。そのときの確認ポイントについて一緒におさえ
ていきましょう。

　このデジタルテクノロジーの導入検討において、確認すべきポイントは大き
く4段階あります。以降のステップで1つずつ見て理解を深めていきましょう。

（2）　前提となる課題の整理

　まず、導入検討にいたる課題の整理です。あなたまたは困っている担当者の
課題を整理していきます。今回なぜこのデジタルテクノロジーを導入検討する
に至ったのかをメモ帳やワードなど体裁は何でもいいので、できるだけ詳しく
まとめていきます（図6-2）。

　①はそれが起きるべくしたインシデントや背景を記入します。②としてその
原因をあげていきます。そして③で解決策を考えていきます。④は第３章の提
供アイデアと近いものがありますがどういう機能があればいいかをまとめてい

| 図 6-2 | 導入前の課題や与件整理 |

●記入すべき事項

①	きっかけ		④	素案

②	原因		⑤	予算

③	解決の方向性		⑥	目指したい想定効果

図や絵などは必須ではなくベタ打ちでかまいませんが、ヒアリングを丁寧にして、かつこれから実際にデジタルテクノロジーの担当者に話していくので、自分の言葉で整理していくことが重要です。

きます。⑤は予算で、金額イメージを目安として概算も入れておきます。⑦はその効果になります。会社名の候補もあれば書いておきます。

　例えば、タイムカードを勤怠管理システムで電子化をしていくときの記入例を示します（図6-3）。

　このたたき台があるだけで、商談の最初の頭出しがかなりスムーズになりますし、それを商談中に相手から出てくる話で加筆しながらいくつかコンペ形式で募ることもいいでしょう。時々、「とにかく社長が○○をやれといっているので何かやりたい」というような相談もありますが、そういう担当者は信頼されるでしょうか。

　お金をもってくる力のある購買に対して、上申や意思決定力がなさそうだとみられてしまい優先順位を下げられるか、足元を見るような悪い事業者に狙われてしまう危険性もあると思います。まずそのデジタルテクノロジーに解決してほしいことを、こちらから明確に出すことでイニシアティブをとっていけるわけです。

図6-3	タイムカードを勤怠管理システムで電子化をしていくとき

① きっかけ	タイムカードの打刻を最後手で集計しないといけないのが非常に煩雑になっている。また、過去に誰が何時間働いたのかが管理するのに全部紙なので書類管理に場所をとってしまっている。さかのぼって確認ができない。
② 原因	タイムカードまでがアナログで、タイムカード後の集計をエクセルでやっている
③ 方向性	勤務時間管理自体を全てデジタルで実施して集計もそのまま簡単にシステム上でできないか
④ 素案	A社またはB社のSaaSの勤怠管理システムを入れて、それを従業員で使うことを徹底することで、紙のタイムカードをなくしていく
⑤ 予算	従業員40名で月額単価が10万円、年額でまとめて契約すると120万円くらい。100万円まではかけてもいい
⑥ 想定効果	今のタイムカードが◎万円で、集計作業が10時間なので○円。合計で△円

（3） これまでに出てきたフレームワークを使った質問

　課題が明文化できたら、次に、ここまでで本書で紹介してきた内容に沿っての確認をその担当者へ実施していきます。ある程度事前に調べておき、3～5社ほど相見積りを取るのもいいでしょう。客観的な相談相手としてサポートしていただくのはいいと思いますが、IT系のコンサルタントなどのいいなりにならないで自分でやっていきましょう。彼らは恣意的に業者とつながっていて、それに誘導していくことがあります。

　既にその導入検討ソリューションの候補になっている企業の経営陣や営業マンから最初に説明をしてもらっている部分に被る分があればそれは全て割愛をしていきつつ、これまでの内容のまとめにも付随していきますが、抜けている部分を聞くようにして進めていきます。

　まずは、構造を把握するために、インプットするもの、計算される処理、ア

ウトプット、その前提にある理論を構造マップで確認していきます。すぐに書くのが難しい場合はその内容について深掘りしていきます。

　次に、メリットをわかりやすく第2章で紹介した6段階から確定させます。そしてその効果を定性・定量両面で記入していきます。そして、プライシングや料金形態を確認します。この部分は基本的に営業資料に書いてあるものになります。

　その後、UX上の疑問になる点を明らかにしていきます。ある程度は導入に関する説明でも聞けると思うのですが、どういうユーザー像や体験価値的なポイントがあるかは逃さないようにしておくことが重要です。

　また、競合他社やマーケットの情報なども相手が知っていれば聞いていきます。評価・分析と同じでありつつ、少し違うのは、こういった情報をつまびらかにしていくときにあなたの会社の競合他社の情報をかなり深く初対面の相手が漏らしてきた時点で、コンプライアンス面からもその内容を疑ったほうがいいという部分でもあります。

　そして、第5章の独自制約における固有の質問をしていきます。例えばデジタルヘルスケアであれば、実際に低関心層を巻き込むためにどんな工夫をしているのか？　というようなことです。

　最後に知的財産部分とステークホルダーの確認を行います。どこまでの権利が会社に獲得できるのか、どの部分はライセンスになるのか、どこが知的財産を持っていて、他にカスタマイズが必要になるのかといったところを整理していきます。会社のバランスシートでIT資産として資産計上されるかどうかもありますので、会社によってそういった確認の機構は違うと思いますが、その場合は会社の財務経理担当者に確認する必要があります。適法性がわからないものは規制に引っかかる可能性があります。ソリューションであれば、それもどういった対応や法務体制を敷いているのか念のため聞いてみましょう。

（4）職場の備品購入と同じことは最低限聞いておこう

　そこまで整理できたら、デジタルテクノロジーの評価分析観点によらない調達で職場の備品と同じ項目をおさえていきます。デジタルテクノロジーではな

くとも、給湯器やお菓子、コピー用紙などを買うときにもきっと同じ質問をするはずのことを聞いておくということです。こちらは確認事項として1つひとつ聞いてリスクをつぶしていきます。

デジタルテクノロジーの前項の確認内容をおさえた上で、追加で聞いておくべき一般的な質問の一覧を図6-4にあげていきます。

よくある質問は、①顧客の導入目的、②自社の過去取引実績、③他社でのそのソリューションの利用事例、④品番や番号などのバリュエーション、⑤各料金のプランとその詳細、⑥付随してかかりうるオプションの有無、⑦導入時期およびその形式、⑧請求フロー、⑨過去のトラブル例、⑩購入するときの特典があります。

わかりにくいデジタルテクノロジーだからといって特殊なことではなく、こういった部分を漏れなくダブりなく聞いていくだけでも、かなり利用リスクを抑えることができると思います。

①の導入目的とはそのデジタルテクノロジーを入れていく上でのゴールです。今回の自分の調達や業務活用において策定するということと、先方のソリューション提供側に対してどういう目的で入れられることが多いか聞いてお

図6-4 ┊ 備品の購入でも聞く一般的な質問一覧

①	顧客の導入目的	⑥	付随してかかりうるオプションの有無
②	自社の過去取引実績	⑦	導入時期およびその形式
③	他社でのそのソリューションの利用事例	⑧	請求フロー
④	品番や番号などのバリュエーション	⑨	過去のトラブル例
⑤	各料金のプランとその詳細	⑩	購入するときの特典

くということも重要です。

　続いて②の自社の過去の取引実績とは、別の部署で導入しているかどうか
や、グループ会社で扱っているかどうか、過去に自部署でも扱ったことがあ
るかになります。特に大手企業では、他部門やグループですでにそのテクノロ
ジーが導入されている場合があり、その場合は「うちの会社のグループとお付
き合いはありますか？」とか「担当とお話しされていますか？」などを聞いて
いきます。

　そして③他社でのそのソリューション利用事例とは、対象が他社でどういう
導入実績があるかということです。これにより、同じユースケースの場合、結
束して稟議をあげたり、商談を有利に進めることができるからです。また、同
じデジタルテクノロジーやサービスを持っている会社に対して、大きな会社の
場合、連携が部署間で取れていないことで複数の部署から連続して連絡してし
まうことがあり、それを防止したり確認しあう意味でもその相互連動が非常に
重要だといえます。自社や他業種で取引したことがわかっていると大手企業で
あったり、過去経緯などを重要視しがちな会社においては、安心感が上がり、
導入がしやすくなるので整理しておくと大きく変わってきます。ここのポイン
トは、逆にいうと第7章のように新規事業でデジタルテクノロジーのサービス
やソリューション提供を行っていく場合に、自社や元々関係の深いクライアン
トへ入れておくと、同じく課金のニーズを探ることができるので、それも含め
て有利になるということもいえるでしょう。

　その次の④での品番や番号などのバリュエーションと⑤各料金のプランと
その詳細、⑥付随してかかりうるオプションの有無はセットにして考えます。
何を入れてどういう運用になるといくらになるのか、その最適な形はどういう
もので、他にもどういった経済リスクがあるのかを改めて確かめるというもの
になります。

　⑦導入時期およびその形式はそのプランに変動して決まってきたものを列
記して整理いたします。AプランでBによってC円でDか月などそういった
諸条件を詰めていきます。

　⑧請求フローとは主に納品時期と支払いに関する確認です。大手企業の場

合だと特定の月末に締めて、翌月末か翌々月払いになることがあります。商談の初見でそういったことをお互いで確認する必要はないのですが、商談後半になってくると、特にスタートアップや中小企業が相手である場合に、その入金の資金繰りが会社の死活問題につながっていることがあるため、早くほしいという相談や、先に一部納品するので分納にしたいといった相談を受けることがよくあります。その一方で支払う側としても、特にデジタルテクノロジーの場合は、請求と納品を確定する時期やポイントを大手企業側が把握していないことがあるので、事前に確認しておくことで双方のリスクを減らしていくという点で重要になります。

　⑨過去のトラブル例については、そのデジタルテクノロジーを入れることによって、実際に過去に問題になった事例のヒアリングになります。全然使われない、○○という問題が起こった、などになります。こういう質問は、相手も答えにくい質問でもあるので、導入を決めてきてある程度の確度がある際に丁寧に行うことが非常に重要です。

　最後に、⑩購入するときの特典があります。こういったテクノロジーの中にも、備品などと全く同様に調達する量や調達する期間を長くすることによって、パッケージ化されたソリューションは特に割引や特典が受けられることがあります。ある程度導入検討の確度が上がっている際には聞いてみてもいいでしょう。

　他にも、自社で固有の一般調達に係る確認事項や独自の支払いや請求ルールなどがあれば、それももちろん聞いて併せてもらえるか確認していきます。デジタルテクノロジーの自社内の導入を考えていくときに、普段の備品購入などの観点が同じように横展開できることが伝われば幸いです。

（5）　デジタルテクノロジー固有の確認ポイント

　さらに次は、デジタルテクノロジーにおける商談での確認ポイントです。先ほどまでのチェック項目と一部被るところも出るかもしれませんが、備品に関連するような一般質問を聞きながら並行して、その事業者を見極めていくためにビジネス面と開発面の両面の範囲について確認をしていきます。

| | 図6-5 | ビジネス面を掘り下げるための質問事項一覧 |
| | | |

①	自社の（そのソリューションの）強みは？
②	競合との違いは？
③	代表的な取引実績と事例は？
④	どういう目的で使われることが多い？
⑤	まちまちだと思うが大体いくらぐらい？
⑥	今後の製品アップデート予定は？
⑦	開発プロセスの中でどこまでできるの？
⑧	社員数はどれくらい？案件でのアサイン体制は？
⑨	会社として今後どういう領域や未来を目指している？
⑩	このテクノロジーを入れることによるゴールとメリットはどの程度実現できる？
⑪	今回紹介してくれたソリューション以外の事業は今後予定している？

　まずは、ビジネス面を確認するための質問です（図6-5）。

　そのソリューションの強みや違い、取引実績と事例などを聞いていきます。事例がない場合や、強みがなかった場合は競合の商品も同時にチェックして、相見積りをとっていきます。

　後半部分は、導入するときの解像度を上げて、条件や業務を掘り下げていく質問です。

　しかし、「そのデジタルテクノロジーをどういうチームを使われることが多いですか？」といった聞き方や、値段においても、「何円ですか？」とストレートに聞いてしまうと、その技術を追加で開発してカスタマイズしていく類のソリューションだと「ご利用のプランや内容によってまちまちです」と曖昧な返答になって聞き出せません。よって、「まちまちだと思うんですけど、だいたいこの事例だといくらくらいの桁感なんですか？」と抽象度を一段階下げて、話を聞きます。「開発の体制は具体的にどうなんですかね、まちまちだと思い

ますが…」という聞き方をしたりすると、勘のいい先方の営業マンはそれぞれの事例の実際のアサインイメージや値段を話してくれます。

案件におけるアサイン体制を聞く質問も同様です。例えば○○、と具体的なケースをあげて B to B ソリューションのシステムを入れるとなったときのことをファクトベースで聞き出していきます。相手が新技術をもったスタートアップの場合には、会社の大小に関わらず、体制が安定しないことでせっかくの良いデジタルテクノロジーもうまく導入できないことがあるからです。

社員数に関する質問は、一見するとその後になぜ聞くのか疑問に思う方もいるかもしれませんが、例えば、AI のスタートアップで、1 案件で 10 人くらい人がかかるといっているにも関わらず、社員数が 30 人しかいないベンチャーだった場合、外注を使うことが前提になっているということになりますし、もう数件を受注したらその業務が回らなくなる危険性があることがわかります。このように、全体のキャパシティを見極めるために、規模感や組織のステージを確認する意味も込めて社員数を聞きます。

また、開発プロセスにおいてどこを担当してくれるかを確かめます。これは、一般的なソフトウェアの導入や開発では、「要件定義 ⇒ 仕様設計 ⇒ デザイン ⇒ 開発プログラミング ⇒ 検証 ⇒ リリース」の流れになりますが、その中のどこは自前で、どこは我々で、どこは外部パートナーかを明確にするということです。

そして、エンドユーザーの立場にたったときに、そのニーズをどこまでカバレッジできるのかという質問もしていきます。やりたいユースケースのどこまでがかないそうか、カスタマージャーニーに沿ったプロセス共に詰めていきます。

また、導入していく範囲が非常に長期にわたりそうなときや重要な決定になるとき、会社を変えることがなかなか一度導入してしまうと難しい技術の場合は、今後どういう未来を目指していますかと聞いていきます。未来の話として、今後のアップデートの予定や、機能追加のロードマップを聞いてみたりしていきます。担当者クラスだとこの会話はできないことが多いので、先方の責任者クラスと実施していきます。役員や部長クラスの相手が出てきた場合は、

「社会環境的にこうなると思うのですが…」と、先行きの中で、そのデジタルテクノロジー重要性や将来アップデートしていくイメージを前出しして擦り合わせていくということも重要になります。

　他にも、「別のビジネスがある場合はどういう事業をやっていますか？」とシナジーや力の入れ方を確認したり、もし事業的な連携可能性もなくはない場合は、そういった可能性として探るような質問をしたりします。

　例えば、筆者は、所属先の1つである電通において、マーケティングを生業にしていますので、実際にこういった調達周りの相談をして仲良くなった営業マン経由で実際にマーケティングの相談を受け、その電通側の営業とその会社の広報やマーケティングの担当者をつないでもらう場をセットしたことで、双方に別の取引が起きて良好な関係になったということもありました。

　開発における質問も固定化されています。図6-6にあげたのは、B to Bで何かテクノロジーがあって、それを入れて開発をしていく場合の質問です。

図6-6	開発面を掘り下げるための質問一覧
①	動作補償はありますか？
②	SLAはどのレベルまで策定されていますか？
③	保守運用はどうしていますか？
④	いつから実施に着手が可能ですか？
⑤	進捗管理は普段どうしていますか？
⑥	他の会社と共同で作業した経験はありますか？
⑦	セキュリティに対してどういう対策をしていますか？（案件、社内共に）
⑧	想定役務は何ですか？
⑨	想定納品物は何がありますか？
⑩	権利所在はどこにあるか明示してもらえませんか？

最初の2つの質問は動作保証やSLAです。これによって、どのくらいの
サービスレベルを保証していますか、保守運用はどうやっているんですかと
いった守りの部分を並行して確認していきます。

作っていく中で進捗管理は普段何でやっていますかといったことも聞きま
す。チャットツールではMicrosoft社のTeams、グループウェアでSlackで
あったり、チャットワークかもしれないし、開発管理においてはレッドマイン
とかバックログなど、他にも様々なツールがありますが、その中でどういうも
のを使っているかを聞いていきます。ここの部分が擦りあわない場合は、特に
大手企業によっては、会社のセキュリティポリシーだとアプリケーションが使
えないため連携が取れないなどがあります。メールで毎回連絡しないといけな
くなったり、お互いのツール環境にお互いがログインできないので、それが双
方の業務ストレスにつながってしまったり、工数増加に寄与してしまうため、
そういう点を含めて聞いたほうがいいと考えられています。

デジタルテクノロジーのリスク事項でもあるセキュリティの確認も行って
いきます。システムにはそれにあった最低限のセキュリティがあったり、各社
でセキュリティポリシーが策定されているIT企業や大手企業もあると思いま
す。特にそれがクライアントに対してそのテクノロジーで作った商品を納品し
ていくものだった場合にはなおさら慎重に行っていき、具体的な対策を聞いた
りしています。健康情報やマイナンバーのような非常に重たい個人情報を使っ
ていきたいときには、特に外部の検証会社にそれをテストさせて合格するまで
納品しないということを事前に結んだりしてリスクをヘッジしていくことも重
要なポイントになることがあります。

そして、想定役務と納品物を整理していきます。想定役務とは何を実行して
何を実行しないかを見ていくことです。作業を分解していったときに、仕様書
は全部作ってもらえるのか？ 画面は全部ちゃんと事前に確認しているのかな
どつぶしていきます。具体的に何が手元にあることをゴールにするのかという
ことです。

以前実際にあった話ですが、とあるAIの会社でシステムを作ろうとしたと
きに、その教師データを演算したものは、データの権利や利用が向こうに行っ

てしまうという記述があることがありました。つまり、AIの動作する結果やライセンスを納品していて、あくまでデータはその対象ではないということが明記されていたのです。確かにそのデータはある基となるデータをそのシステムによって演算した後のデータだったのですが、その基となるデータは自社の所有物なので、その加工されたデータも当然納品してもらいたいですし、もしそれが他のことに使われると困るわけです。この際にはその周辺を確認できたことで無事リスクが発見できてお互いに理解して話が終わったのですが、そういうこともちゃんと聞いておかないといけません。

3. 担当者と会社の目利き

　続いて担当者およびその企業の目利きについてです。第1章の後半でも触れたように、デジタルテクノロジーはベンチャー企業や大手企業のR&Dの方が行っていることが多いですが、その人たちを的確に見抜くことも重要になります。

　具体的には、①参入業界の商習慣への理解、②消費者やクライアントのインサイト理解、③代替品や競合の正しい認識、④自社への理解、⑤技術への理解、⑥業務経験などが理解できているかが重要です（図6-7）。

　特に業界×テックのビジネスの場合は、①は必須です。各業界の中には村社会的な独自のメソドロジーや商習慣があります。会社にテクノロジーを導入していく際にも前提にそういう理解を持っている会社と取引していくことが重要です。

　ごくまれに一部の超人的な天才が成し遂げてしまう例外もありますが、その既存業界の商慣習をわかっていない経営陣がディスラプトをできるほどの、革新的なプロダクトが簡単にできるようなことはありません。そのような会社のソリューションを入れると、ユースケースを理解していないせいでトラブルになることがあります。例えば、世界的なEVメーカーであるTeslaのイーロン・マスク氏は非自動車業界のプロ経営者として有名ですが、自動車部門の社長ジェローム・ギレン氏は元々、ダイムラー社においてセミトラックの制御や

図6-7	相手の経営陣や担当者を見ていくイメージ

①	参入業界の商習慣への理解
②	消費者やクライアントのインサイト理解
③	代替品や競合の正しい認識
④	自社への理解
⑤	技術への理解
⑥	業務経験

※実はこれも伝統的なフレームワーク３Ｃの応用版。
　①②は市場、③は競合、④⑤⑥は自社と大別できます

動作するためのプログラマー出身で、腹心にはしっかりその業界をわかる人が経営陣にいます。筆者が経営参画しているゲーミフィケーションをメインにしたエンタテインメントソリューションを提供しているセガ エックスディーの取締役もゲームと事業開発の両方を理解しています。

　②は、どうしても長い期間そのデジタルテクノロジーを作ったり、扱ったり、使ったりしている環境にいると、そういったデジタルテクノロジーでできることが当たり前になってしまって、技術や手段ありきで話してしまったり、こだわりや想い、原体験があまりにも強すぎて、うまく噛み合わずに困ってしまうことがあります。

　③は代替品や競合を文字通り把握しているかどうかです。競争優位があるといいたいのは心情としても理解できますし、それを確信として持っていること自体は素晴らしいことなのですが、オープンでかつ客観的なデータを用いて説明してくれる場合はスペックの違いが理解できるので助かります。しかし、そ

うではないことで競合商品を悪く言ったり、憶測や不確かな情報の前提で話をしてきたりした場合は、注意が必要です。これは人間の性なのかもしれませんが、どうしても経済性を考えていく上で自分に有利なことを進めていってしまいがちです。そういうモラルや良識が持てない事業者と付き合うと、だまされるまではいかないまでも損をしてしまったり、読者の皆さんの会社のレピュテーションが傷ついてしまうことがあります。また、これも仕方ないこともありますが、「競合はありません！」などという担当者も注意が必要です。本当の一握りを除いて、デジタルテクノロジーには競合として同じものは無くとも、代替品や人力やアナログも含めた代替手段は多々あることが多いです。この部分は前述の図6-5の中にも入っていますので、それを実施して回答を聞きながら担当者の説明を見分けていきましょう。

　④、⑤は③ともつながりますが、自社やそのデジタルテクノロジーを過信していないか、逆に自信をもって経営やお勧めができているかということです。ややオフェンシブな見方で言えば、もし自信がなさそうならそれにつけ込んで有利な商談をすることもできてしまうかもしれませんが、それではお互いに持続的な関係が作れません。

　例えば、ある外資系のマーケティングソリューションを提供するシステムの会社で、複雑なカスタマイズやかなり運用に手間がかかる必要なことでも「何でもできます！」と言って、問題を起こしていて実際に契約後にトラブルになった事例を知っています。もちろん、外資系で日本に進出している時点で本国では上場していてガバナンスがしっかりした会社が多いですし、そういった会社および担当者はごく一部ではありますので、常に怪しんだりしないといけないものでは一切ありません。しかし、外資系企業は雇用条件での営業成績やインセンティブの仕組みが強い会社が多い傾向があります。彼らのサラリーの短期的な収益としてはいいかもしれませんが、社会人としては大成しないですし、そういった人材を抱えている時点でその会社のレベルや経営の安定性が知れてしまうと思います。

　他にも⑥としてスタートアップの場合や研究所など特殊な技術機関と連携していくときに関しては、「他の会社と共同作業した経験はありますか？」と

いうことを確認します。

　例えば、グループ会社がたくさんある企業や、開発会社などからの常駐エンジニアなどの他のメンバーと仕事をしてもらうような複合的に（1対1ではなく複数名で）プロジェクトしたことがあるかは必ず聞いていきます。案件で1社だけで完結できないときにこういった連携の経験を事前に聞いておくことでリスクをヘッジしていきます。

　そういった経験がない人ばかりがアサインされてしまうと、仮に製品が良くてもコミュニケーションや関係値を理解できないまま、例えば決裁者ではない人の前でお金の相談をしてしまう可能性があることや、上下関係を把握しないままで開発プロジェクトを進んでしまう人がたまにいます。

　本書は個別のテクノロジーやサービスをスポット当てて扱うわけではないので、割愛していますが、実際の細かい操作や導入後の運営やフォロー、メンテナンス、カスタマーサポートのときにも、こういった会社ではその運用設計がなかなかできないことが多いので、併せて担当者を見極めながらルールやスタンスを聞いていきましょう。

　大手企業やコンプライアンス意識の高い企業は、法務が法律観点に沿って相手方に対してもビジネス面も配慮してリスクを教えてくれてチェックしてくれる会社が多いと思います。しかし、自分としての理解をして自分の言葉で交渉できることが重要ですし、法務やバックオフィスは上記のような事業の実際の実務面や開発の部分、担当者まで面倒を見ることはありませんので、読者の皆さんこそが、心にとめながら業務を遂行していく必要があります。

4. 現場の声の収集

　続いて現場の声の収集です。デジタルテクノロジーの導入を考えていく企業のカルチャーにもよりますが、実際に使うエンドユーザーになる現場社員たちを巻き込むことも有利になりますので必要に応じて行っていきます。

　具体的に彼らからヒアリングで引き出すべきポイントは課題と解決へのアイデアです。これは2点の戦略性があります。1つは実際にその社内への導入

提案をその現場の声で実際に担当者である自分の独りよがりではないことをアピールして、ニーズやリクエストがあることを伝えることで有利にしていくということです。もう1つは実際に導入されたときにその社員を味方につけていくことで、稟議時や導入時のユースケースの精緻化を行うために実施するということです。

　実際に課題とその解決策や方向性をあぶり出していく質問の一覧を、ここに掲載します（図6-8）。基本は5W1Hをしつこく聞いて、インタビューした現場がわからない部分はわからないでOKなので、それをあぶり出していきます。

　課題を聞きたい場合は、定性と時間や費用などの定量を両方の声を集めていきます。先述の課題の整理を終えた内容を仮説検証していくわけです。

図6-8	現場の声で聞くべき質問一覧

●課題編

①	何に困っていますか？
②	具体的にどこの工程で困っていますか？
③	いつから困っていますか？
④	あなた以外に誰が困っていますか？ その困っている人は何人ぐらいいますか？
⑤	どれくらいの損失や被害がありますか？ （定性的なメンタル／金額コストや時間など数字両方）
⑥	その困っている原因が解決しないのはなぜですか？

●解決策編

①	その解決をさせるための一番のキーは何ですか？
②	どういう機能があれば解決できる可能性がありますか？
③	なぜそれで解決できる可能性があるのでしょうか？
④	その困っている部分はいつぐらいに解決したいですか？
⑤	それが解決できる会社を知っていますか？
⑥	誰に決裁を上げる必要がありますか？

　解決策の方向性を探りたい場合は、相手が答えを持っていればそうしたいということをストレートに引き出してもいいですし、その導入を仮説として考えているサービスがデモアカウントやテストアカウントがもらえる類の者であれば、それを利用してそのデモ画面を見せてその反応を見るなどする方法があるでしょう。

　そこで集めた声をベースに中で導入していくフローを書き換えて改善していくだけでもよくなりますし、実際に匿名ででも稟議資料上に要望として前段や背景として書いておくだけでも、その上程におけるリアリティが上がって価値が大きく違ってきます。

　こういった新興形のテクノロジー導入時には、よくリテラシーが低いユーザーが使えずに陳腐化したり、逆にリテラシーの高いユーザーの要望だけが通ってしまい、素人には見にくかったり、変に高機能なサービスになってしまい使いにくくなるという課題もあります。そのバランスをとる意味でもこれは必ず実施していきましょう。

5. 期待値の調整

　いかがでしたでしょうか。最初のマインドセットをインプットしてからも、たくさんのポイントがあったと思いますが、基本的にこれまでのデジタルテクノロジーの評価分析フレーム、通常の備品購入、実際に導入していくときの会社の見極めやお互いのスタンス確認をして、丁寧にお互いの認識を整えていきながら会社を考えるということが重要であることが伝われば幸いです。

　こう考えると難しいと感じる方もいるかもしれませんが、例えば Google の検索連動型広告（Google で特定のキーワードで検索活動を行うと入札した広告がクリックされたときの単価によって一定の順位で表示される広告）のように、デジタルで最初の発見から掲載申し込み完結していて、人を介さないことで購入ができるサービスもありますが、それ以外は基本的に人と人とのやりとりになります。

　ですので、もちろん前記のような実践的な確認もありますが、マインドセッ

トのところでご紹介したソフトなクッション言葉の使い方でも重要です。

　先ほどの体制を見極めるときにも「勉強不足で申し訳ございませんが、通常のこういう体制と比べると人数は多いのでしょうか？」とか「Webにも書いてあるかもしれないのですが、従業員数はどれくらいですか？」と前に、その後半の言葉を補う単語があるだけで急に丁寧になります。

　また、期待値を小出しに話すことも大事です。「まだちょっと企画段階なんですが」、「もしかしたらまた会社で上にあげたときにご説明してもらうことになってしまったら申し訳ないのですが」とか、「今月の〇日を目途で、返事させてもらえればと思うので遅くなってすみませんが」というように、どこのフェーズにいるのか、追加で何が出そうか、遅くなるかどうかなど相手にとって求められるであろう心理的な準備を話していく中で作っていき、信頼を高めていくこともとても重要になります。

　この後の社内の説明もそうですが、デジタルテクノロジーという新しく画期的なものであるからこそ、人間関係をもう一度大事にするところをないがしろにしない姿勢が必要になるわけです。

6.　デジタルテクノロジーがわからない人への伝え方
　― 今回学んだ順番通りに話してみよう ―

　ここまでは、商談での確認事項でしたが、この項では実際に社内の上申ルートにあげていくときや、社内の関係者に対して説明していくフェーズを考えていきたいと思います。ビジネスマンとしての企業内でもユーザーとしての家庭内でも、そのデジタルテクノロジーを入れていくための決裁する（＝購入・導入することを決める）稟議プロセスがあるはずですが、今回はこのプロセスが既に存在してわかっている状態でどうやってその関係者に理解をしてもらうか、という観点で進めていきます。読者自身が決裁者の場合は、その決裁を受け入れたり、部下に指示していく上で確認項目として考えていくポイントを共有します。

　あるデジタルテクノロジーの導入を説明していく場合は、以下のようなトー

| 図6-9 | 社内を説得するトークスクリプトと話し方の例 |

課題	業務が忙しくなっており、実働で○○という問題が出ています。○○ほどの（人的・金銭的）コストが現在かかっており、○○という声も出ています。	導入	導入には○○、体制は○○人で○○か月はかかります。金額は○○円ですが、時間短縮に貢献が可能です。
答え	そこで○○というサービスの導入をご提案します。このサービスは一言でいうと○○というものです。	運用	運用は○○円が毎月かかります。
仕組み	このサービスは○○というデータをいれることで、勤務履歴から勤怠管理と書類の管理を同時に行う仕組みです。	社内負荷	社内体制としては○○と考えています。提供元と隔週にてMTGを実施します。
課題解決力	社員は○○をするだけです。これは従来○○ということをしていた意味で貢献ができて、○○という原因において、○○を改善します。	初期	今回はまずはテストケースで○○部に先に試験的に入れてから、その後で○○本導入ということを見据えています。実際にこのソリューションを別の担当者に見てもらった時の声は○○という感じでした。
競合と代替品	競合にはAとBがありますが、特に○○という優位性があるのでこの商品がいいです。	今後の展望	今後については、今年は○○をして、２年後には○○というようにしていきます。会社の戦略として○○ということを言っているので、○○ということになります。ぜひご検討ください。

クスクリプトで展開して、その順を追って説明していくことが多いです（図6-9）。

　順番に解説をしていきます。まずは、そもそもデジタルテクノロジーを入れる前に背景として何に困っているのかを説明していきます。課題ではない場合は、注目されているポイントや世界のトレンドなどのポジティブなアプローチでも OK です。社会や市場の流れおよび自社の流れを織り交ぜて、とにかく、「なぜこの導入検討の説明機会が開催されているのか」が伝わるように背景を簡単に明示します。

　次に、そのサービスの全体像を簡単に説明します。

　「このサービスはというものです。○○理論に立脚しています。○○をして○○をすることを行います」

　ここは、製品概要などの営業資料を抜粋しながら、第２章で紹介したデジタルテクノロジーの構造マップを活かして、その流れを簡単に説明していきます。

　その上で、UX 観点でのユースケースを整理しましょう。技術的に複雑な階層性の説明などは事業ではない調達の場合は不要なことも多いです。

　「ですので、社員にとって○○という使い方が想定できます。」というと、ここまでで、あるデジタルテクノロジーの入ったサービスの概要を理解させて使うシチュエーションを明示したので、その後でそのデジタルテクノロジーのポイントに入っていきます。

　「このデジタルテクノロジーは○○という部分に貢献できます」とメリットの提示をしてからそれがいかに ROI に沿っているかを語っていきます。細かい各商品のスペックや図示できるものなどは別で表にしておくとよいでしょう。

　ここのタイミングで可能であれば、動画やデモンストレーションを交えて実際に簡単な様子や役に立つ側面が伝わるように動作アクションを入れていきます。

　何%になるかなど定量・定性での削減効果を話していきます。「○○円になりますが○○という意味では安いと思います」と、この貢献できるポイントと価格感が伝わった上で、競合との比較をここで行っていきます。このフレームを繰り返します。

　「競合 B や代替品 C がありますが、○○という部分が優れています」

　ここでデジタルテクノロジーの構造マップをどんどん活用していき、違う部分と同じ部分を紹介した汎用比較表で比較して提示します。

　そして、先ほどの担当者と導入に向けた話を詰めていきます。

　「今回の導入は予算が○○で、○○人でアサインをして、○○くらいの時期で導入します」と通常の備品と同じような流れで説明をしていき、導入フローと合わせて説明をしていきます。しかし、デジタルテクノロジーの場合、未知なものや操作が従業員になじめるか、入れた投資に対してすぐに成果が表れるかがわかりにくいので、その場合はテストで検証すべき範囲とそのポイントから、初期に行うポイントを記入していきます。個々人の生産性が検証できる類のシステムであれば小さく、ある程度ネックワーク性があると利便性が聞きやすい場合は大きく人数範囲を切って一定期間でスモールトライアルをしていき

ます。このトライアルがちゃんとできて、難しい場合もお断りできるキャンセルポリシーがあればそれも共有していきます。

最後に発展性や今後の展望を示します。「今後は○○という発展性があります」というかたちに締めくくりましょう。

7. 提供元への相談

ここまでで、実際にこれまでのポイントを活かして社内稟議を通したり、実際に導入やビジネスの提携を確認する上でのポイントを解説していきましたが、それでもどうしてもうまくいかないことがあります。

そういうときは実際に技術提供する提供元のセールスマンやその提供元の会社の上層部に相談してみるのも1つの手です。彼らの中に事例があれば、企業名などはともかく、どうして導入が決まったのか、どこが決め手になっているのかについての知見を持っていることが多々あります。会社によっては業界別の事例集や、説明集、導入後のマニュアルなどを叩きででも持っていることもありますので、確認してみてください。

そこで、「私は客だぞ！」とふんぞり返るのではなく、担当者である読者の皆さんは会社に入れることで業務を楽にしたり、楽しく働けることを目指し、デジタルテクノロジーの営業担当者はその営業成績や関係値の確保を目指し、同じメリットで山を登っている関係として仲間にすることが大切です。

もちろん本来、調整業務は社内担当者の仕事なので、その提供事業者へ頼りすぎて、資料まで全部作らせるというのは禁物ですので注意しましょう。もし、そこで作ってもらった稟議資料の著作権は一般的にはその作った会社に帰属しますので、制作してもらった会社さんから、ほぼ同業界に横展開されると思ってください。基本的には質問するということでいいと思いますし、テクノロジー提供元の担当者さんもそういったことには、ほとんどの場合慣れているでしょう。

8. 本番運営

　実際にスモールトライアルのテスト検証が終わったら、本番運営で全社や対象者全員へ適用していきます。その際には、人員とドキュメントを揃えます。

　まず人員です。責任者、企業側向き合いの担当者、問い合わせ担当者を最低限用意して実施していきます。操作マスターをしているエンジニアやテクノロジーのサポートはカスタマーサポートが先方のシステム会社にいたらそこに直接問い合わせする運用でもいいと思います。ちゃんと担当と責任者がいて回せるのがポイントになるのです。

　次に、ドキュメントです。大きく7つ用意していきます。

　1つ目は全操作が書いてある「マニュアル」です。次に操作がわかりやすくまとまった「簡易説明資料」です。一番コアな使い方だけを記入します。そして、「Q&A」です。定型で来る質問は決まってきますので、それをまとめていきます。さらに、「連絡先」です。ユーザー管理やお問い合わせをまとめていきます。SaaSだとサービス内にその仕組みが実装されている場合もあります。そして、「趣意書」です。なぜこれが入るようになったのかも併せて従業員に説明できるようにしていきます。そして「効果フィードバック」です。どれくらいの効果や稼働率で経済価値があるのかを定期的に経営陣や部署へ入れていきます。最後に「トレーニング」です。研修として実施してもいいですし、動画でもパワーポイント教材でも構いません。簡単な説明資料で収まらないトレーニングが必要な場合はそれを使います。これらの7つをどのようなドキュメント形式でもいいので持っておくことで安定的に運営しやすくなります。

　前項にあるようにデジタルテクノロジーのソリューションを持っている企業側にこういったキットが最初からそろっていることがありますのでそれを使わせてもらうのも1つだと思います。デジタルテクノロジーは導入後が本番ですので、体制をしっかりと敷いていきましょう。

9. デジタルテクノロジーを様々な目線で語れる人の重要性

　本章では、課題解決のためのデジタルテクノロジーの自社への入れ方、決裁者にとっては導入していく上での確認していくべき観点をこれまでの流れに沿って見てきました。デジタルテクノロジーであるからといって、必ずしも導入において確認していくポイントは特殊なことが必要ではないことをご理解してもらえたら幸いです。

　本章では上申を進めたり、実際にベンダーと相対する担当者目線で話を進めてきていますが、担当者、ベンダー（場合よっては複数）、ユーザー、決裁者と様々なプレイヤーがそれぞれの便益に沿って行動していくので、それぞれの目線を理解して語れることが非常に重要になってきます。

　デジタルテクノロジーはあくまで手段であって目的ではありませんし、本書は導入までをメインスコープにしながら話を展開しています。実際に使ってもらえて、それによい課題解決がなされるのかどうかのほうが圧倒的に重要ですので、手段を目的化しないように注意していきましょう。

　今後もコロナ禍の影響も含めてデジタルトランスフォーメーションや働き方改革といった、企業のデジタルインフラの刷新や、日々の業務のデジタル化はますます進んでいくでしょう。しかし、昨今IT活用や導入検討はしているものの、そういった施策をうまく進められていない例が多くあります。デジタル部門や情報システム部門として社内で管理する部署の方、現業の業務改善やサプライチェーンを担当するコンサルタントの方、こういった内容を審査や運営管理をする管理部門の皆さん、全社最適のため頑張る経営陣の皆さんなどは、まずは本章の流れをおさえて、本質を突き詰めて、社内のデジタルテクノロジーを活かした組織改革の一歩を踏み出してみるのはいかがでしょうか。

コラム 大手企業のアクセラレーションプログラムごっこ ─────

　昨今、オープンイノベーション（＝外部と提携してイノベーションを起こしていく手法）のブームの中で、ここ5年ほどで急激に、大手企業がベンチャー企業や創業したい個人を募ってそれを支援・審査するアクセラレーションプログラムや、自社内で実施したい事業について出していく社内ビジネスコンテストが流行っています。

　その一方で、その成果や意義などが形骸化していないかや、目的化していないかが非常に叫ばれて、現在大きく問題視されています。

　まず、悪徳というレベルではないですが、アクセラレーションプログラムの運営を受託すれば数千万円の事務局運営費がもらえることがあり、やりっぱなしの事業者が若干います。真っ当な会社がもちろんほとんどですが、とにかくベンチャーと大手企業を紹介してつなぐこととそのプロモーションだけが目的化した業者のような事業者の存在です。わかる人が見ると、「ああA社（大手企業）は業者Bに食わされてるな…」とそれだけで哀れになったりします。

　次に、その大手企業とその業者の作る事務局の体制未整備や低い経験値、受け入れる大手企業側のリソース整理の不明確さ、メンターの無責任なメンタリングなど、一見よさそうに見えても、大手企業側の社員の事前教育や能力も整っていないことも多く、とにかく関わるだけでベンチャーにとっては徒労になるケースも少なくありません。逆にベンチャー企業サイドでも、大手企業の実情などを全く理解できていない会社もいるのでそのバランスも難しいわけです。イベントはそれなりに形になるのと、メンターや呼ばれて決勝まで選ばれたベンチャー企業も、直接、その実施企業に呼んでもらっている側面もあるため批判しにくい立場になるため、大きな不満が出ずに「やった感」が出てしまうという問題もあります。

　筆者がメンターをしていたアクセラレーションプログラムはいずれも上記を克服して一定の成果が出ています。デジタルハリウッド大学大学院のデジタルヘルスラボでのビジネスコンテストは「実装」を最大のポイントにしているため、これまで出たサービスが全てリリースされていて、優勝しているスタートアップやサービス企業の独立や資金調達に関するリリースも多数出ています。

　ソニー・ミュージックエンタテインメントのENTX（エンタエックス）は、初開催時にも関わらず決勝進出スタートアップ7社のうち、その1年以内に3社と資本業務提携をするというきっかけのコンテストになっています。その

次の年度も優勝した BeatFit というフィットネスのコースを、オンラインでサブスクリプションにて提供するスタートアップが、アクセラレーションプログラムのデモデイ後わずか数か月で有名な声優、雨宮天さんとのコラボレーションコースをテストリリースしています。

　両社は全然開催形式や流れ、主旨が違いますが、どちらもポイントになるのは、実装やアウトプットを大切にしていることと、貢献ポイントを明確にして必要なメンターが適切に手伝える環境を整えています。単にデモデイをやっておしまいになってしまうと何も起きないので、それくらいの勢いで深いコミットが重要になるということです。

　他にも企業側も本書でご紹介しているデジタルテクノロジーへの評価分析方法の理解やベンチャースタートアップへ向き合う上でのリスペクト、新規事業におけるにマインドセットに対して、理解も免疫もないままいきなり深く考えずに取り組んでしまい、ベンチャー企業内で評判が悪くなってしまうことが散見されます。

　これは、全ステークホルダーの問題として、市場を良くしようという建設的なマインドを共有しながら、取り組んでいくことができたらと思っています。

第 **7** 章

デジタルテクノロジーを事業にする
上で重要になること

　第6章では、デジタルテクノロジーを持っている事業者の技術やサービスを
活用してそれを自社導入して使用していく際における、基本的な向き合い方や
会社への説明を行っていく目線で基本的なポイントを解説してきました。本章
では、実際に事業やサービスを作っていき、その運営まで見据えて設計してい
く方法を見ていきましょう。

　実施する主体になる法人や立ち位置でかなり進め方が違う部分があります
が、事業の骨子になるものは新規事業を考えていく上で共通しています。本章
では、その解説も交えながらデジタルテクノロジーの活用を前提に、極力汎用
的に使える形をご紹介します。

　本章も前半と後半に分けて展開していきます。まずは、前半は一般的に事業
を考えていく流れを学習して、その後、後半でデジタルテクノロジーをどのよ
うに使っていくのかということやデジタルテクノロジーならではの確認や発想
のポイントを追記して学んでいくように構成しています。

1. 新規事業を行っていくときに必要になるマインドセット

　新規事業を行っていくときに、必要なマインドセットもある程度定式化され
ていますので第6章と同様にまずこちらをご紹介します。新規事業を行ってい
く中で筆者が考えているマインドセットは非常にシンプルでスピード・フラッ
ト・コミットの3つの項目です（図7-1）。

　まずはスピードです。新規事業においては、実行フェーズで説明したように、
思考よりもとにかく試せる部分は試していくような検証回数が圧倒的に重要に

図7-1	新規事業を行っていく上でのマインドセット

第1条 『スピード』	第2条 『フラット』	第3条 『コミット』
数で質を育てていく	できるだけゼロベースで 平等に素直に考えよう	責任をもって事業の成功を 全力で考えよう

なるからです。いつも以上にスピード感を持っていく必要性があるのです。

　次にフラットです。フラットには2つの意味があります。まずは、人に対してフラットであることです。年次や上下関係を過度に気にしてしまい、それを理由にアイデアを棄却したり、逆に忖度するような人間は初期のフェーズでは少なくとも不要です。もう1つの意味のフラットは新しいアイデアを出すときにそれを受け入れる土壌を持つというフラットです。デジタルテクノロジーはタダでさえ聞いたことがないので、それを興味を持って受け入れられるかが非常に重要です。

　最後のコミットとは、コミットメントのことです。コミットメントを入れているのは新規事業で不確実性が高くて不安定な環境下でやり切るマインドセットがあることが実行において重要になるためです。責任を取れる（責任を取る立場ではなくても自分ゴト化して覚悟がある）ことです。中のメンバーにも関わらず、すぐに人や別の要因のせいにしてしまう逃げ癖のついている人間や、批評しかできない人間は絶対にチームに入れてはいけません。

　こういった適性を持ったメンバーを集めて組成していくことが事業運営上も重要になります。さらに言えば、こういった資質を持っているだけではなく、その事業への自分なりの価値観や強いこだわりがあったり、サービスの根底にあるようなペインポイントで困った原体験などがあると、リーダーになったときに事業で踏ん張りがきいたり、メンタル的にも強くなりやすいでしょ

う。

　この３項目は前述の事業区分において新規性が高いものになればなるほど
マッチしているメンバーをアサインすべきです。新規市場を展開していくとき
はこの３つを満たしていない人間は入れないことが鉄則になりますし、逆に、
自社の課題解決や現業の既存事業内での追加商品開発になる場合は、こういっ
た新規事業向けのマインドが強すぎるとミスマッチになることがあります。

　評価・分析者の観点でいえば、そういったマインドセットを持っていない担
当者が自分の見栄やポジションのために事業責任者になっているチームの場合
は、非常に不幸な結果になりますので、急いでそのチームのメンバーを変える
か、そういった性格がワークしにくいチームの雰囲気を整えていく必要性があ
ります。

　誤解がないようにご補足をさせていただくと、これはあくまで新規事業を
考える上でのメンバーが持つマインドセットの観点です。ですので、そういっ
たマインドセットの人間が優れていないのではなく、単に新規事業に向いてい
ないだけで現業でのハイパフォーマーもたくさんいます。熟考してリスクテ
イクの前に慎重に予防線をはる仕組みや、上下で強い統制を作って動いていく
フェーズが大事になる仕事や事業もたくさんありますので、あくまでこの新規
事業を考えるシチュエーションに向いているマインドセットであるということ
なのです。

2.　事業を考えていく上で実施する流れ

　まずは前半ということで、新規事業を考えていくフレームワークをご紹介
いたします。事業を考えていくために、筆者は以下のフレームワークを考えて
使っています（図7-2）。

　大まかに説明しますと、最初に全体の事業を考える枠組みや前提になる条件
をとらえた後、その事業アイデアを出してから、（必要に応じてヒアリングも
して）ステークホルダーのメリットや文脈を関係各所へ確認後に、それを事業
計画に落としていき、実行計画を立てて簡単なトライアルをしてから、実際の

図7-2	新規事業を考えていく上での流れ

既存事業・既存企業がある中での事業開発チャート

事業立ち上げの実行に移していくという流れです。

　本章も第6章と同様に実行する場合を主語に書いていますが、レビューに用いていきたい場合は逆に既存のリリース済みの新規事業を以降の観点に沿って整理して、評価・分析をしていくことで抜け漏れを抑えて今の事業の失敗確率を下げるなどして役に立ててもらえたらと思います。

　本来では人員や事業を作るチーム開発、マネジメント体制、人事制度など人材教育的な意味合いも非常に重要になるのですが、人事や起業家精神、イントレプレナーなどの話に偏ってしまい、本書の主旨から脱線してしまいそうなため割愛します。

　もう1つ重要なポイントは、上記のフローはどの順番から始めてもよいということです（図7-3）。例えば、今回はもっとベーシックに枠組み整理してからアイデアを出し、それを事業計画書や実行計画におとして実行するという流れになっていますが、実際の会社の中では、既に担当者ベースでアイデアが出ているので後から稟議フローを作ったり、事業計画を書いてから会社に枠組みとしてそれを稟議する会議体自体を作ったり、既にステルスで少額決裁でMVPやプロトタイプを回していて、それから本格的に事業化を仕掛けたりといった形で、実情に沿って変わってくることも念頭に入れていかないといけませんし、それを順番をもって実施することが重要であるということです。

　ですので、「枠組み整理でうちの会社がもう予算が決められないからダメな

| 図7-3 | 順番が違うときの例 |

例1 事業アイデアが先になんとなく思いついている場合

例2 枠組みや条件が既に出ている場合 （会社のビジネスコンテストなど）

例3 すでにちょっと試しに始めている場合

んだ！」などと悲観せずにそういった形でできないかどうかをまず考えていくということが重要です。

（1）枠組みの整理

　最初のステップの枠組みの整理から、順を追って説明します。枠組みの整理とは、実施していく事業の領域や、前提になるゴールや制約などの諸条件の摺合せを指していくことを指します。

　実は既存の会社が自社の新規事業を考えるということは実は明文化していないだけで、制約がたくさんあります。例えば、会社がITのWebサービスしかやっていない中で、新規事業でラーメンチェーン店を作るといわれたら、仮に儲かるとしても今いる従業員はスキルを活かせない人が多そうですし、戸惑う可能性が高いと思いませんか。他にも例えば資本金が10億円の中で、最初の計画で5億円かかる事業がその会社内で事業として実施判断が出る可能性は低いのではないでしょうか。他にも「3年で年商10億円を目指していく」

場合と、「5年で上場する場合」は、事業計画を考えていく内容や人員計画、拡大における資本計画や検証方法などが大きく異なるだろうというのはイメージするのが難しくないと思います。

つまり、厳密な計画の有無に関わらず、領域感やゴール地点、実施していく上での制約を可視化して事前に決めておくことで、その計画が精緻になり成功確率が上がっていくということです。

内容としては定量／定性に分けて考えます。目標規模、最終金額、中間目標やKPI、最初の原資になるヒト・モノ・カネ・情報の用意できるリソースイメージが定量です。◎年で◇億円など、目標が決まっている会社はあります。定性の内容としては、やらない領域（会社としてその領域だと基本的にほぼやらない領域）、やりたい領域（会社としてぜひ事業を考えてもらいたい領域）、現業がある場合はそれとの距離感、市場でのポジションやその自社理念との整合性などです。これらを条件にして決めておいたり、整理しておくだけで無駄な計画を立てたり、無謀なプランが出なくなります。

逆に考えると、制約が多すぎて事業が進まない場合はその前提としての枠組み自体を疑うプロセスも必要になる場合もあります。例えば、新規事業をやれと会社から言われてもその会社や部署が1,000万円しか原資がなかった場合、そもそも最初のプロトタイプの開発費で全額使ってしまうだろうというようなことです。その場合は、その枠組みの後に本格的に予算を上申させるフロー自体をしっかりと検討していくということが必要になると考えられますので、会社にそれ自体を強く主張していく必要性があります。

特に、大手企業や歴史のある企業の中で新しく事業化を検討していく場合はこのステップは非常に注意が必要な重要なステップになります。歴史のある企業や経営陣の能力が特化して偏っている会社だと、新規事業を考える場合に現場にやってもらうことそのものの手段が目的化してしまい失敗してしまうことがよくあります。「なんでも新しい事業案を持って来い！」と言ってしまって、その枠組みを決められないばかりで結局判断して稟議をする指標がなくなってしまって、そのアイデアを判断できないということが往々にして起こりがちです。大手企業のアクセラレーションプログラムやビジネスコンテストなどでも

このステップを失敗して何も起こらないことが往々にしてあります。

　先述のマインドセットでいうバズワードの定義の明確化などもデジタルテクノロジーで事業を作っていく場合は重要になります。「わが社はAIで事業を作るんだ！」と役員が大号令をかけても、自社の業務効率のためのRPAもAIですし、自社のサービスを代替させたAIボットを作ってもAIですし、ベンチャースタートアップのAIの会社に投資してそのサービスを代理販売してもAIなのです。そういった言葉の定義や領域感、何をしていきたいのかを明文化されていない状態で見切り発車をする会社は何をやっても軸がないのでよほど優秀な個人がいない場合以外はバラバラになってしまいます。

　一方で、この工程は特にベンチャースタートアップでこれから事業を始めていく場合には優先度は極めて低いです。なぜならベンチャースタートアップは、経営陣が株を持っておらず、全て外部株主のみでできているなど特殊な場合を除けば、自身がその枠組み自体も自分で責任をもって決めればいいからです。ただし、例えば自己資本でやっていきたいとする場合は、銀行から借り入れるのが一般的で、その上限はおのずと決まっていますので、単純にそのキャッシュフローが1つの予算枠組みにして考えていくということもあるでしょう。そうした形で枠組みを整理する以前に、自分の価値観や判断基準の明文化とキャッシュ的な制約が、おのずとその枠組みになります。

（2）アイデア出しとコンテクストの確認

　次はアイデアを考える段階です。事業のアイデア出しと聞くと、特別な方法や特殊なことをまとめないといけないイメージを持つ読者もいるかもしれません。よく筆者が用いる方法としては、第3章のUXを評価・分析する方法と同じで、提供サービスのアイデアをわかりやすく5W1H + One Phraseで整理していきます（図7-4）。

　これは何というサービスか（What）、いつ使うのか（When）、どこで使うのか（Where）、誰が使うのか（Who）、なぜ使うのか？（Why）、どのように使うのか？（How）一言でいえば何か？（One Phrase）ということを整理していきます。

洗練されたサービスであればあるほど、例えばFacebook ならば「実名制SNS」、Google ならば「（ほぼ）世界中の情報が見られる検索エンジン」といった形で、とてもシンプルに提供価値やサービスの概要を一言でいうことが可能なのです。

ただ、既存のデジタルテクノロジーの UX を評価・分析する場合は、上述の What や Who など、目に見えるサービス内容やユーザー像から考える人たちが多いと思いますが、事業を作るためのアイデア出しの場合はどこから発想しても構いません。どこのタイミングでサービスがあるといいかという課題から入ってもいいですし、既存に近いサービスがある場合の課題からサービスを考えていく場合は、「なぜ〜は使われていないのだろう」と考えていくことが重要です。この What と When をまとめてしまって同時に考えて「○○のときに○○がわかるサービスが欲しい！」と一緒に発想することもいいと思います。既存事業の延長に近い事業ほど What から、新規性が高い事業アイデアほど Why や When など抽象度の高い項目から思いつきやすい傾向はあります。

図 7-4	アイデアでの最低限の整理事項
①	これは何というサービスか？（What）
②	いつ使うのか？（When）
③	どこで使うのか？（Where）
④	誰が使うのか？（Who）
⑤	なぜ使うのか？（Why）
⑥	どのように使うのか？（How）
⑦	一言でいえば何か？（One Phrase）

　整理できるようにアイデアを考えていく過程に関して、この各項目を思いつくためのサービス自体をゼロから考える発想法については様々ありますし、大人数で考える場合と1名で考える場合かどうかや、デジタルテクノロジーありきのビジネスかどうかで方法が異なりますが、いくつかベーシックな方法をここに記載します。

　まずは、課題起点で考える方法です。To Bでしたら自社の企業内やクライアントの課題、To Cならご自身や身近な人の課題を明文化してから、そのターゲットになるプロファイルとその課題が解決していないペインポイントを洗い出して、それが解決された場合の社会などの解決ゴールを描き、その後に競合がいないか、いるならどういうサービスで弱い部分がないかを分析して、その解決のためのサービスを本書のUI/UXの区分から発想していき具体的なサービスを考えていく方法です。WhoやWhyから発送していく方法です。

　次に、自社に既に有効に利用できる金銭以外のシーズやアセットがあったり、本書に出てくるようなデジタルテクノロジーで事業テーマが最初から決まっている場合は、その技術が今後歩むであろう行く末の発展イメージをまとめて、それと今の社会背景から、その事業テーマで解決できそうな部分を探して、そこへ事業アイデアを充てていくHowやWhatから入っていくアプローチをして発想していきます。

　上記2点の方法は、やや既存によくありがちな平易なアイデアへ落ちやすくなります。アイデアが平易であることが決して悪いわけではないのですが、もっと飛び地を考えていく場合は、今存在している前提を考えてからその逆を考える発想や掛け算をたくさんしていく発想方法が求められていきます。

　普段、一緒にして考えなさそうなものでできるだけ無関係そうなソースから連想ゲーム的に考えていく方法があります。例えば、結合法です。先述したスティーブ・ジョブズのiPhone初期発表のプレゼンテーションでは「iPod」「電話」「アプリ」がセットになっているコンセプトが今も貫かれていますし、今となっては当たり前になっているUberやLiftなどのライドシェアサービスにしても、「タクシー」を「個人間でシェアリング」するということをかけあわせています。革新性や新規性が出たときに高いものほど、当時なかった組み合

わせから誕生しているわけです。

　また、上記の連想組み合わせと似た方法で「逆張り」というアイデアの出し方もあります。C to Cのサービスも最初は「お店や中間事業者が全部なくなったら」という発想から来ていますし、最近モノづくりでトレンドになっているD2Cも「直接、デジタルプラットフォームすらない形で消費者に売れる環境になったら」という発想から生まれています。今のある構造から何かを全部取り去ってしまったり、ないものがある社会を考えて前提を否定してからその代案をサービス化していくということです。これは課金の検証にも非常に時間がかかるものが多いですが、強制的にしかも今の普通の状態を否定する発想から入るので、破壊力のあるアイデアが出てくることがあります。ワンフレーズやコンセプトから先に決めてしまうというわけです。

　この2点は本当に一部で、独自の発想法は上述のように様々なものが言われていますし、ゲームや音楽といったエンタテインメントなどのように課題ではなく楽しさや快楽をメインに与えるものは、もっと右脳的な発想から生まれます。いきなりキャラクターやストーリーが思いつくところから発想が出てくることがあります。

　事業をたくさん考えていく経験の中で、アイデア数を出したり、実装をしてこの発想力自体も鍛えていく必要性があるでしょう。

　その後、出したアイデアを選んでいくには以降の項でご紹介する精緻化をしていき、事業性が高いものを選ぶのがベターですが、膨大な数を一気に検討するわけにはなかなかいかないので、コンテクストを確認してフィルタリングしていきます。

　コンテクストというとわかりにくいかもしれませんが、各ステークホルダーで損得や彼らの立場や背景、文脈にそのアイデアを照らし合わせてNGがないか見ていくというものです。例えば、「会社の戦略に合ってる？」「誰かだけが損することはない？」「エンドユーザーさん喜びそう？」「これを見たお取引さんはどう思うかな？」と、とにかく主語を変えて丁寧に説明できるようにして「なぜ」を突き詰めるのです。そして、主にそのアイデアの新規性と実現性をチェックしながら、自分がやりたいか、部署でやれるか、会社と合うか、社

会合フィットしているかを軽くフィルターにして精査をしていくことが多いです。事業なので収益性が最も大事なのですが、この段階だと細かい収益を考えにくいということも関係しています。

（3）　実行計画を考えていく上でのアプローチの区分

　続いて、この思いついたアイデアを事業として精緻化していく上で重要になる、実行や計画に落としていくときのアプローチ判断をご紹介します。新規事業の性質によって、アイデアを考えた後の検証するステップが異なります。

　新規事業と一般的にいうと、著名な企業および起業家の派手なものが想起されることが多いですが、一般的に「新規事業」というのは厳密には6つの区分があります（図7-5）。

　しかし、実際に新規事業というのは新しくビジネスを行うこと全般を指すのであるため、上記全てが新規事業に含まれるという考え方をしていきます。

　まず、自社の課題解決です。これは自社の課題に対して新しいスキームを入れて、それを解決して強化を図るということになります。しかし、読者の皆さんも感じるかもしれませんが、自社の課題解決型は前の第6章で紹介したよう

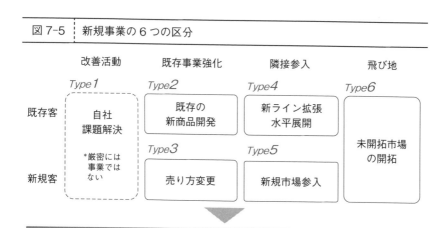

図7-5　新規事業の6つの区分

な自社導入による工数削減やコスト削減なので、厳密には事業開発ではないのです。しかし、全くアイデアがない場合はそこから考えていく可能性や、自社のために用意した課題解決の中で売れるものを今後も生み出す可能性があるので、この区分内には入れています。例えば、今や世界的なサーバーインフラ商品になったアマゾン社が提供するクラウドサーバー提供サービスである AWS（Amazon Web Service）も、元々でいえば、大量のトランザクションを本業である EC のための管理でやっていたことを切り出して他にも販売をし出して事業化したことは有名です。一部のメディア企業が土地をイベントやオフィス用に調達していたのが、結果的に不動産をしていることがあるのもこれが一因です。自社をある意味顧客にして、その課題のためにアセットを調達して事業を作ってしまうということです。やろうとしていることがこのアプローチになる場合は、前章の実施フローを参照して精緻化をしていきましょう。

　次に既存事業の商品開発です。同じクライアントの同じ予算枠のために同じ商品スキームの延長上のサービスを作ることです。筆者の場合は、電通でいえば新しいメディアの広告商品になりますし、役員をしているセガ エックスディーでいえば新しい社会課題を解決できるゲームや IP を作ることになります。今売っている商品群の同じスキームを活かして、新しいラインナップを作っていくという新規事業開発です。この場合は既存の事業フローがすでに出来上がっているので、そのフローの中で新規性をどう出していくか、これまでの商品とどう差別化をしていくのかをポイントにしながらサービスを考えていきます。既存事業の理解と現場を動かす力が非常に重要になる事業開発です。

　次に、モデル転換という、売り方を変化させて新しいターゲットを開拓する手法です。同じ商品において、ビジネスモデルや購入形式、提供するソリューションの量や種類を少し変えることで、ターゲットを変えて販売するものを指します。例えば、大口のサービスを小口にしてサブスクリプションモデルや成果制に変えるなど、ビジネスモデルを変換して売るものを指します。例えば、電通では大手企業の宣伝やマーケティングを担当する部署用に広告商品を販売している商品が多いですが、大手企業の人事部の人材採用のためにビジネス系の媒体を活かした広告商品を作ったり、中小企業やベンチャー企業が買いやす

いように広告を小口に切って売る広告商品を考えるなどがこれにあたります。スクラッチで個別に開発して切り出しているものをパッケージ化して、SaaSとして販売することなどもその1つです。例えば、世界でoracleやIBMなどと並ぶ世界的な第4位のソフトウェア企業になっているSAP（エスエーピー、通称サップ）の創業期も、個別に実装して販売していたある程度各会社で近い仕様になっている共通の基幹業務システムを同じように販売してパッケージベンダーになったことで大成功を収めた歴史があります。こういったモデル変換のポイントは、今作っている商品を買いうるニーズの探索から始まります。商流を持っていないクライアント層を狙いに行くため、商流を持ったパートナーを作っていくことも重要になります。

　そして、水平展開です。現存している他社の事業ではあるものを持ってきて、自社のクライアントなどに販売するものです。デジタルテクノロジーではないですが、よく物件を賃貸で契約するときにインターネットや浄水器を勧められたことはありませんか。

　既存商流に対して、同じ決裁権者が一緒に購入できるかどうかを調べていきます。モデル転換と同様に、今度は同じ予算枠の中で違うニーズを喚起してこれまでとは違う商品やサービスを同じお客さんの商流に入れて、クロスセルをうまくしかけていくということです。昨今、決済ペイメント事業へ、様々な流通やEC事業者が参入したりするのはこれにあたります。

　そして、一般的に新規事業と感じられやすい新規の市場参入型です。新規参入型は既存に存在する自社にとっては新規顧客であり、新規の領域である新しいマーケットへ参入していくことです。リクルートがスタディサプリというイーラーニング事業を展開していますが、これはB to Bメインでのメディアポータル事業が主だったリクルートが、B to B to CとB to Cに同時に参入しています。自社のリソースを横展開できるかどうかと、課金ニーズを見極めていくところにポイントがあります。また、その参入する市場ができきっているもので自社の勝ち筋がないのであれば、本来不利な市場に自分たちから後発参入で入っていくので、厳しい局面になることもあります。ベンチャー企業をM&Aしてそこから参入の切り口を作る動きもありますし、まだ数社しかプレ

イヤーのいない新興市場の中で入っていくことが多くなることでしょう。

　最後が未知の市場開拓です。全く新しいマーケット自体をつくることに切り込んでいくパターンです。この場合は、既存事業の意思決定では作れないので、大手企業や歴史のある企業の場合は急いで独立権限を渡すことが重要です。また、そうなるとだんだんと会社というよりも個の志や執念に近い想いといったような実施する個人に依存する変数も大きくなります。ソフトバンクのビジョンファンドの投資意思決定が話題になっていますが、そうした選眼も必要になってきます。デジタルテクノロジーの場合は破壊的なテクノロジーが作れるかどうかなので、切り離して権限を渡すことである程度自由度を与える製薬企業や自動車メーカーなど、企業R&Dのための予算確保方法なども、ある意味理にかなっているといえるでしょう。

　これらの解説から、事業のアイデアがどのタイプに符合するかで、その後のフローが全く異なるということが伝わったのではないでしょうか。このアプローチを知ることで、失敗確率を大きく下げることができます。以下に図としてまとめました（図7-6）。

　この事業区分自体が、最初の枠組み整理の段階で、ある程度決まっている場合やチーム内で共通認識ができている場合は心強いのですが、もしそれができていない場合は急いでこの意思決定をしないとそれも問題になってしまいます。

　思いついたビジネスアイデアにおける事業区分を考える上で注意が必要なことは、デジタルテクノロジーが新しいことや優れていることと、この事業区

図7-6 ┊ 6つの事業区分と大枠のアプローチ

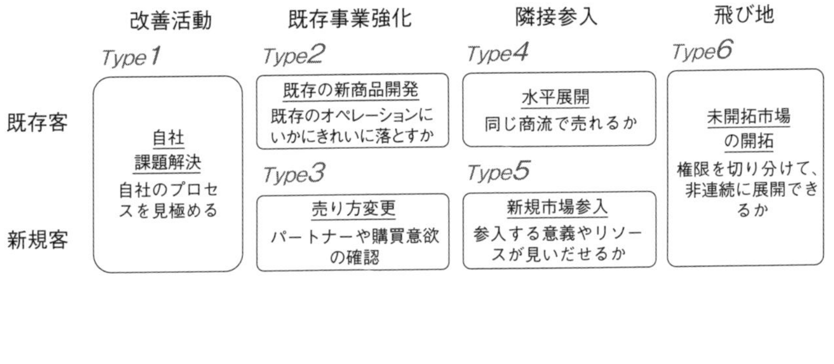

	改善活動	既存事業強化	隣接参入	飛び地
	Type1	Type2	Type4	Type6
既存客	自社 課題解決 自社のプロセスを見極める	既存の新商品開発 既存のオペレーションにいかにきれいに落とすか	水平展開 同じ商流で売れるか	未開拓市場 の開拓 権限を切り分けて、非連続に展開できるか
		Type3	Type5	
新規客		売り方変更 パートナーや購買意欲の確認	新規市場参入 参入する意義やリソースが見いだせるか	

分によってとるべきアプローチが関連しているかどうかという点は全て別であるという点です（図7-6）。

　例えば、フロッピーディスクがUSBメモリに代わるという事業変革も、業界全体にインパクトがあり、革新的に見えます。デジタルテクノロジーの技術そのものとしてはスループットで保存できる容量が劇的に変わり、インプットする場所がUSBポートへ変化してハードの改革も促す非常に素晴らしい発明であり、技術的なイノベーションです。

　しかし、上記の事業区分でいえば、商流もエンドユーザーになるお客さん像も一緒で、言ってしまえば「商品のスペックが変わっただけ」なので、新規事業区分としては新商品開発型になります。よって、元々フロッピーディスクを売っていた販路へ今度は同じビジネスモデルでパソコンと一緒にUSBメモリを並べていけばいいので、事業としてやっていくアプローチは非常に簡単なものになります。このように新規事業として革新性がある商品と、事業区分としての性質からのアプローチ選択は似て非なるものがあり、そこを間違えないように事業を考えていくことが重要になります。

（4）　事業区分の活用方法

　ここで、各事業区分において、デジタルテクノロジーを評価・分析していくという観点で補足します（図7-7）。

　既存事業の課題解決では、エンドユーザーになる自社社員のリテラシーの壁

図7-7　6つの区分とデジタルテクノロジーの活用方法

	改善活動 Type1	既存事業強化 Type2	隣接参入 Type4	飛び地 Type6
既存客	自社課題解決 作業者のリテラシーの壁が越えられるか	既存の新商品開発 営業マンの販売ロジックにフィットできるか	水平展開 シナジーを出せているか	未開拓市場の開拓 技術ありきになっていないか、新しい社会常識がつくれるか
		Type3	Type5	
新規客		売り方変更 コストコンシャスにならないか、減らせるか	新規市場参入 技術ありきになっていないか	

を越えられるかが重要なポイントになります。既存事業で特定できている課題がある状態なので、どのように素晴らしい技術であっても、使ってもらえないとそもそも意味がないからです。第6章の内容をおさえた上で、社内で浸透した後に、それをベースにこのテクノロジーやノウハウは外販できるのか？　という観点で検討していけばいいわけです。

　既存事業の強化では、既存商流の中での販売ロジックに新規のテクノロジーもしっかりとフィットするかが重要です。アドテクノロジーの業界に特に多いのですが、技術で配信や予算を最適化するシステムなどはそういう既存の商流の中のビジネスKPIがうまくフィットしていないとその商習慣にフィットせず普及しない問題があります。

　ビジネスモデル転換の場合は、そのテクノロジーがコストコンシャスにならないかが重要です。既存商流への追加の場合はそのテクノロジーがどういう貢献をしていくのか、新規市場参入の場合は技術そのもののブレークポイント以外に勝ち筋があるのかどうか、最後の未知の市場開拓の場合はそのテクノロジー自体が社会を変えうるのかという将来的なインパクトと、それが長期的な投資に耐えられる領域かどうかになります。

　水平展開は、シナジーが本当にそのデジタルテクノロジーを使ったサービスで、同じ顧客へ同じ予算で販売できるのかがポイントです。先の決済システムサービスのように商流がつながっていることが明確でないとデジタルそのものが持つ心理障壁でなかなか販売がうまくいかないことがあります。また、その水平展開用に参入するということはその事業単体で勝ちに行くわけではありませんので、安く楽に調達できるかもカギになるので、あくまでハイプ・サイクルの後半にあるテクノロジーで実施するほうが一般的にはいいでしょう。

　残りの2つの新規市場や未開拓市場への参入の場合は、テクノロジーありきになっておらず、ちゃんと価値が出ているかがポイントです。事業としての知見は少ないまたは、ないところへ参入していくため、デジタルテクノロジーを活かして参入する場合も、その技術が持つUXや課題解決がしっかりできる力を持っているのか、これまでの章の内容を括かして確認していくべきです。

（5）事業計画書化

　これらのポイントが見えたところで新規事業の事業計画に落としていきます。事業計画は他にも多数書籍が出ていますので、そちらをご覧いただくといいと思いますが、ここでも簡単に触れます。基本的には以下の項目です（図7

図7-8 ┊ 事業計画書の記載項目一覧

記載項目
表紙
目次
エグゼクティブサマリー
背景分析
自社課題分析
競合分析
ユーザー課題分析
ペルソナやジャーニー（調査会社やシンクタンクが持っているデータ）
事業のアイデア（5W1H）＋（一言）
事業概要
どういうユーザー側の仕組みになるかやそのデザインイメージ
事業のKFS（Key Factor of Success、成功要因）、その事業が成立しなくなるポイント
事業のビジネスモデル
事業の運営スキーム
競合サービスの分析、代替品
自社で実施すべき理由
営業・マーケティング戦略
人員体制
収益計画
サービスをローンチしていくためのスケジュール
サービスを検証していく実行計画
目指していくロードマップ
考えうるリスクとQ&A

-8)。

　まず表紙と目次をいれて、次のページからエグゼクティブサマリーを記述します。エグゼクティブサマリーとは、まず大枠でどういう課題や背景に対してどういう事業を行うのか、そしてそれが初期費用いくらでどういう便益をもたらすのかということを簡潔に1枚にまとめて記述していきます。

　その次は、社会背景分析を入れていきます。例えば、A市場の市場規模が△億円あるといった市場規模への指摘や、SDGs（持続可能な発展）といった今回の事業アイデアにリンクする定性的な社会トレンドなどをいれて、何に注目して事業案を考えていくのかを記述します。第4章の市場分析にそのまま要素を足して入れていくイメージです。

　次に自社課題分析です。自社課題分析とは、今回の事業を起案するにあたって、自社にとって困っていることややっていくべきこと、考えていくべきことを記述していきます。例えば不動産内見をVRで下見ができる事業を行っていくという場合であれば、「不動産の内見を画像だけで決める人が顧客のX％出てきている」「内見対応の人件費が莫大になりY円になっている」「内見をしたが、あとで奥行きや雰囲気をもう一度見せながらセールスをしたいという社員がZ％存在している」などとなります。

　そして、競合分析を入れていきます。自社の普段の国内外の競合がそういった取り組みをしているかどうか第4章の競合分析をそのまま入れていくようなイメージです。

　続いてユーザー課題分析になります。ここも第3章のUI/UXで扱ったペルソナやジャーニー、ソリューションデザインフレームをそのままサービスのポイントを入れていきましょう。

　そして、事業のアイデアを端的に前述のアイデアパートの部分をそのまま踏襲して（5W1H）＋（一言）で入れる形でいいと思います。

　続けて事業概要です。これはアイデアの部分をさらに掘り下げて、どういうユーザー側の仕組みになるかや、デザインがあればそのデザインイメージや流れなどを記述していきます。

　そして事業のポイントをまとめて記述します。事業のポイントとは、「これ

ができるとこの事業はうまくいく」という事業の成功要因および、その事業が成立しなくなるポイントや撤退要件も併せて記述していきます。

　事業のビジネスモデルも第2章のビジネスモデルのイメージをそのまま入れて、お金の流れを図示していくといいでしょう。筆者は商流図をそのまま入れていますが、近年流行っている書籍である「ビジネスモデル2.0図鑑」（KADOKAWA）や、網羅性のあるフレームワークで書かれている「企業のリスクを可視化する事業性評価のフレームワーク」（一般社団法人金融財政事情研究会）、などに沿って記述する形でもお勧めです。

　そして、事業の運営スキームを入れていきます。法人間の関係や部署やチーム担当者に該当する内容などを書いて可視化します。エンドユーザー、顧客、パートナーがそれぞれ何をするのか可視化して記述します。

　ここで、もう一度、競合分析を入れていきます。今度は、今の自社にとっての競合ではなく製品としてこの事業サービス案と既存の競合や、完全な競合にはなりませんが、代替品する製品も入れていきます。ここも第4章を参考にしていきます。

　続けて自社がこの事業を実施すべき理由を入れていきます。なぜ自社だと勝てるのか、なぜ自社がそれをすべきなのかをここで記述していきます。会社の理念やビジョン・ミッション・バリューに沿う形であっているということと、何らかの優位性があるヒトモノカネ情報のといったアセットで何か勝ち筋があることなどを記載できると説得力があります。

　そして、営業・マーケティング戦略です。営業計画では、どういうトークスクリプトでマーケティングをしていくときに合いそうな媒体や広告手段ができるかを記述します。

　その後に人員体制です。検証時と、運営体制を各実際にローンチしていくときの体制を2つ記述します。どの担当者が何%のワークシェアを割いて動けるのかを記述しておきます。外部のパートナーを活かしていく場合は、その会社となぜその会社を選んだのかを入れていきます。

　続いて収益計画を立てていきます。3か年ほどを想定しておくのがいいと思います。ここでどれくらいの顧客数や単価感で損益分岐点が出るかどうかを知

ることが重要です。

　次に大まかなスケジュールを引いて入れていきます。大まかなスケジュールは２段階に分けていきます。サービスをローンチしていくためのスケジュールと、サービスを検証していく実行計画についてです。実行計画については次項で紹介していきます。サービスをローンチしていくためのスケジュールはブロック矢印で記述します（図7-9参照）。

　そして、目指していくロードマップを、自分のマーケットでもっていきたいポイントとその後の展望をブロック矢印などで入れておきます。

　最後にここで考えうるリスクとQ&Aを入れていきます。ピボットする案や選んだ会社の蓋然性を入れたり、考えうる基本的な質問を入れていきます。チーム内やチームの外で聞いた質問事項を全部どんどん人に見せながら足していくことで充実させていきます。

　そして、実施する上で重要なポイントですが、については構想段階では新規事業であればあるほど、実際に買ってもらえるかわからないので予測しにくいものです。既存事業の強化などであれば、既存事業での売上を既存クライアント×単価×商談成功率で目算すればかなり正確に出ますし、そのレファレンスとして類似商材の売上から目標を立てることが可能でしょう。コストに関しては、因数分解して丁寧に原価計算をしていけば、かなり精度を上げることができるはずです。それにより正しい原価が出て、リスクヘッジがうまくできるかどうかがポイントになります。つまり、売れるのかどうかを考えるということではなく、いくらまでいくと黒字化するのか、損益分岐点をいかにシャープに出すかがポイントなのです。

　また、会社によっては稟議書類などと同じくビジネスコンテスト用の記載用紙や新規事業用のフォーマットが決まっていたりしますが、それが存在する場合はそれに忠実に記載をしつつ、今回の７章で挙げたものを使っていきます。

　このフェーズは、これまでのステップの中で最も一定の知見が集積されています。そのフローに沿って丁寧に行うことで、デジタルテクノロジーの最新のものを使う場合でも、ある一定以上の成果を上げることができるところですので、確実に減点がない形で承認を取りに行くことが重要なのです。

（6）実行計画

　事業計画が書けたら、続いて実行計画を立てていきます。実行計画をわざわざ事業計画と別建てにしているのはその事業を作っていくための前段階でそもそも事業の要件になるような仮説をつぶしたり、ステップや順番を意識することが事業全体の成否に多大な影響を及ぼすからです。

　先の第6章でも、「一部に入れてテストトライアル後に全体に」と述べましたが、新規事業でも同じです。特に利用するテクノロジーが新しいときや事業自体のニーズの受容性自体が確かめることに時間がかかる場合には、PoC（Proof of Concept）しなければいけません。言葉の通り、元々考えていたコンセプトが市場に受け入れられるかどうかを事前にリリースする前にテストしたりとか、簡単な方法で試してみて、前の工程に戻ったりしながら、事業設計と開発をさらに磨きをかけていきます。

　この工程で大切なのは、その事業がワークするためにまず何を検証するかを決めるというものです。デジタルテクノロジーの場合は、制作する段階で非常に大きなコストや人件費リソースを使ってしまうものが多々あります。その中で、いきなり開発はしないで、有名なサービスも最初は検証から入っています。Facebook が最初は大学内向けの Web サービスだったことや、AirBnB がクレイグスリストという掲示板に自分の部屋をアップして有償で貸し出すことをテストしてから軌道に乗せていったことは有名な話です。

　この実施計画を立てていく段階では、行う検証が3つあります。それは、運営・開発・課金の3つをサービスや製品が一定の品質を以ってできるかどうかを確かめていくことです。例えば、先述の AirBnB などのように開発検証はできなくてもフリーの掲示板と自分の部屋だけで簡単なデモで本番さながらの運営ができるのであれば、こうした運営検証から実施してもいいと思いますし、エンジニアがいるのであれば最初からやりたい要件を見積もって開発から入ってもいいですし、課金で最初からデモ製品で販売できるのであればプリセールスとしてヒアリングから入ってもいいわけです。

　まず、運営検証からご紹介します。サービスのそもそもの運営や運用ができるかどうかを試すという工程です。例えば、審査をしてから出すというサービ

スがあるときにその審査プロセスが適切に動くかどうかで事業の売上や検証数が大きく変わる場合はデモサービスや初期段階でリリースして、その検証を行うといったことです。運用検証は自社の課題解決のように運用して中にフローがちゃんと入ることが重要なプロセス、または、逆にやっていきたい事業の新規性が高ければ高いほど力を入れて実施したほうがよく、特に新規事業の参入などの場合はなおさら新しい運用に今のチームやパートナーでは耐えられないことがありますので、慎重に行っていくことが重要です。

次に、運用検証の前後または同時で、課金検証を行います。課金検証とは実際にニーズがあるかどうかだけではなく、そのソリューションや考えたサービスに対してお金が払われるかどうかを確かめるというものです。方法としては、インタビューで聞くか、プロトタイプを見せて聞くか、デバイスなどであれば、クラウドファンディングやマイナーな EC 等で先行販売を実施してみて、売れるかどうか受容性を見ていきます。

ある程度課金するサービスの新規性が低く、最初からターゲットになるユーザーやクライアントがサービスのイメージをもって望める場合はユーザーインタビューやデモだけでもいいでしょう。また、例えば、わかりやすい商品で販売できそうなものの場合には、既存事業の掘り起こしなど現状のクライアントがターゲットになる場合は、そのクライアントの中でも特に新しいもの好きでそういう商談にも対応してくれる人へ実際にテスト販売してみるという形でもいいと思います。この課金検証ポイントはできるだけ恣意的にしないことです。例えば聞く際の語尾を「〜というものがありますが、興味ないですよね？」「ぶっちゃけこれどう思いますか？」とあえてネガティブ気味な印象が残る形で聞いたり、どうしても担当者と人間関係がある人に聞いてしまうと恣意的に応えてしまいます。外部の調査会社を使う形でもいいと思います。

最後に、このフェーズで開発検証をしていきます。運営もできそう、課金もされそうであっても、サービスを作っていくときに莫大な製作費がかかってしまうことや、作るのに数年かかるというような話であれば最初からありえないからです。運用検証と課金検証を終えてから本開発を検討に入れることがベストではありますが、具体的には、制作していくための開発フローを整理してい

きます。

　作りたいアイデアが出てきた上で、大まかな Web サービスとかアプリケーションを開発するときの流れは以下になります（図7-9）。

　具体的な戦略とか組み方とか UX とかサービスの企画とかを考えます。こちらは前述で開設した通りのアイデア出しおよび第3章の UI/UX 設計と同じ流れを実施していきます。その後、そこで必要になる機能を、機能一覧としてまとめて書いていきます。RFP というベンダーに発注する形式のものに落とすことも多いですが、それまでいかなくても大丈夫です。

　そこから自社で開発できるエンジニアがいれば別ですけど、そうでなければその技術を実装してくれるベンダーを選定したりとか、自社でエンジニアを常駐で来てもらったりという契約をするための相見積もりや比較をとっていきます。開発会社やエンジニアチームを面談で選定するポイントは、①技術的に近い仕組みのものを作ったことがあるか、②ドキュメントや納品物がしっかりとしているか、③担当者と息が合うかの3つが重要です。特に、実は開発面では③のほうが圧倒的に重要です。

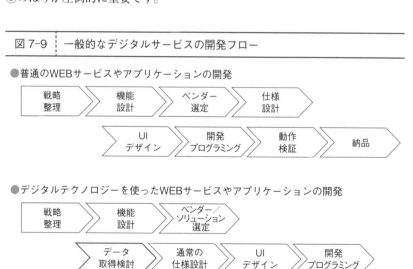

図7-9　｜　一般的なデジタルサービスの開発フロー

　それをワイヤーフレームに落としていきます。ワイヤーフレームとは、デザインは入っていないもののサービスのボタンやグラフィックタブなどの配置を正確に再現した画面イメージの一覧になります。パワーポイントファイルやエクセルなどで図形を使って書かれることが一般的です（図7-10）。

　ワイヤーフレームがあることで、デザインに割く前のイメージが作りやすくなり、かつ、理解が曖昧だった部分や解像度を上げることが可能です。

　できることなら画像を入れたり、こういうデザインイメージで作りたいなども入れているとよいでしょう。

　全体の画面遷移図も記載します。ハードが絡んだり、複数のデバイスで展開する場合もワイヤーフレームも画面遷移図も全て漏れなく用意していきます。この2点はどちらも開発もデザインも専門でできなくても実施できる項目でもありますので、この叩きが最初にあるだけでも、かなり設計工数が研ぎ澄まされて開発費用を抑えることが可能ですので、トライアルするのもいいかもしれません。

図 7-10　ワイヤーフレームの例

メインのページがどういう構成でどんなコンテンツが入りそうかを明記する。
（全てのページでなくてもOK）

　続いてその上で開発にかかる仕様設計を実施していきます。この仕様書には慣れないものがたくさんありますが、どの機能を仕様書のどの部分が再現しているのかを開発プログラミングをして、そのプログラミングしたものを動作検証して、それをテスト、最後に納品をするという流れになります。その開発計画を整理していくわけです。

　実行のためのスコープ策定ともリンクしています。もし想定を大きく上回るほどに非常に時間がかかっていたり、費用が漏れてしまう場合があれば、最初から完成品を作りにいくのではなく、まずはテスト的に販売できるものが作れないか、無駄な機能や後からつけても成立する機能を入れていないかなど確認していきましょう。ここで本開発の予算および作るべきサービス像をさらに精緻にしていくわけです。

　実施計画にて、Po C やリサーチをしていき、それによって問題が起きたり、失敗をしたりしたら、むしろそれこそラッキーだと思うくらいの勢いで手に入れたものを事業計画に組み入れて直していきましょう。事業やテクノロジーを評価する側の読者の皆さんもここでどういう失敗があるか／成功があるかを見極めていくことが重要になります。

　なお、今回は取り上げていませんが、そもそもその顧客になる人の想定している課題自体が存在しているかの信ぴょう性が怪しい、という場合はその段階を検証するためにインタビューや調査を別途行う必要があります。

　会社に予算を取りにいく場合は、もちろん会社によって稟議フローはまちまちではありますが、まずこの実行計画段階でリサーチ費をもらってから、その後に本審議として実際に事業を立ち上げる形で予算の申請をあげていくような流れが一般的です。

（7）実　行

　最後に、実際にリリースして実行していくフェーズです。会社に稟議を上げて承認をもらって予算を獲得してから、実行計画までについて承認が下りたら、これまでの部分を実行してリリースしていくフェーズに移していきます。この段階で開発に着手してから市場に解いていきます。具体的な開発プロセス

のイメージは後述いたしますが、ここではそれをマーケットにリリースして公開して営業・販売を最初に始めていくときのポイントをご紹介していきます。

まずは、実行計画に合ったテスト検証したい内容が反映されてサービスが動いているか確認をしていきます。例えば、本リリースした際にそれが運用に耐えうるのか、ユーザーがリテラシーやニーズが極端に高い層以外が挫折をして離脱してしまっていないか、他のユースケースが見つかったかといったテストフェーズの延長を確かめていきます。運営運用の計画も必要に応じて見直していきます。

次に最も重要になるのは、実行していく上でのフィードバックサイクルの組成です。リリースした後に即座に出していきなり売れることは、よほど優れたアイデアを実現した場合以外はかなり珍しいケースになります。例えば、最初からかなり顕在化している一定のニーズをとらえたものであったり、広告費や販促費を多く確保できていないとなかなか困難です。そういった形で最初からどっと反響があることで後々の課題になる部分を見落としてしまうことで、その後のサービス成長機会を見落としてしまうリスクもあります。

デジタルテクノロジーの場合は特に新規性も高いため、自身で当たり前だと考えていることがユーザーにはすぐに受け入れられなかったりもします。逆にいうと、デジタルのサービスではプログラミングで直せる部分が大半なので、最初から100点を目指さないで改善をしながらサービスをアジャストしてリリースした後にどうやってPDCAを回すかという発想をマインドセットとして持っていることが非常に重要になります。

そのPDCAを回して改善をしていく検証サイクルについて、自分たちでそのチームに合うプロセスを作っていくことが重要になります。自分たちに合うというのは、ようやく大手企業で社内稟議が通り、予算も人数も少なくて経験も浅いような新規事業チームと、経験者がたくさんいる超腕利きのベンチャースタートアップのプロジェクトではその検証サイクルのスピードや実行力が大きく異なるからです。そこで無理をしてしまうと、本来のサービス運用で手いっぱいになっている中でチームが瓦解してしまう恐れがあります。

実態に合ったプロセスマネジメントが実行をしていく上で大事になります。

普段の現業でも定例会などを行うと思いますが、それをもっと厳密なフェーズで行い、1つの検証ポイントに対して「事象 ⇒ 背景＆原因 ⇒ 解決への仮説 ⇒ 打ち手 ⇒ 実施案 ⇒ 判断・実行」を掘り下げて考えていくことが重要です。まず起こったことを事象として列記して、その背景にある原因を考えてから、それを解決できる仮説を明文化します。そしてそれを解決できうる打ち手を検討して実施案を出します。最後にそれを定例会などで上げて今後の対策を審議していきます。こういった泥臭い作業をたくさんしていきます。適切なフィードバックループを回していくことが確かな価値検証とサービスの成長につながっていくという流れです。

　ここで押さえておくべきメソドロジーとして、グロースハックというのがあります。グロースハックも処々の定義がありますが、筆者はサービスのKPI/KGIを伸ばすために継続的な改善活動を、できるだけ包括的に行っていく手法と概念を指して呼んでいます。

　世界の著名なサービスもこのグロースハックで成長してきた歴史があります（図7-11）。

Microsoft の Outlook や Twitter、Dropbox などもグロースハックで成長した有名な事例です。テレビCMではなく、成長するポイントを的確に見分

図 7-11 ┊ グロースハックの有名な事例

✔ 広告などの流入や獲得ではなく、その先のサービス内部を改善していくアプローチ

事例① Dropbox	事例② Hotmail	事例③ Twitter
	Hotmail ™	
「友人紹介で無料で容量UP」「フィードバックを送ると無料で容量UP」という施策を実施した	Hotmail利用者のメールの末尾に「PS I love you. GetFree Email」と表示される仕様を組み込んだ	新しいユーザーに対して確実にフォローアカウントを提供する「おすすめユーザー」リスト表示機能を追加した

けてサービスの中身の改善活動や機能実装などの打ち手によってサービスが大きくなるポイントを作っているわけです。

この打ち手というのは、小さいものから大きいものまで多々あります（図7-12）。

このようにKPIを伸ばすために改善の打ち手を順次実施して、その検証を行い、事業成果の最大化をめざしていくわけです。スタートアップではこのグロースハックを行う職種である「グロースハッカー」という専門家がいるくらいです。

フィードバックを何度回していくかという発想は、現業では新規事業開発の経験がないとなかなか慣れないマインドセットではありますが、いかにたくさん失敗をしていくか、いかにたくさん検証回数を増やして反省して改善していくかをこのタイミングで多く行っていくことが、実は事業を成功させていくための近道になっています。

特に新規性の高いアイデアにトライアルしているときであればあるほど予

図7-12 ┊ グロースハックの打ち手イメージ

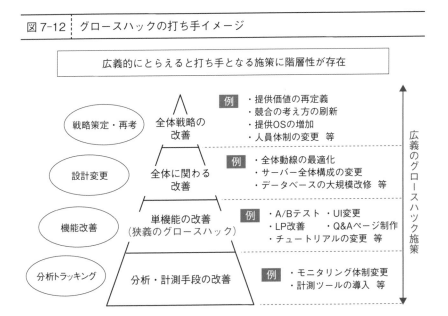

期できないことが起こってきますが、むしろそれを楽しむくらいでやっていくことが重要です。どうしても元々のやっていた事業がある中で新規事業を考えて実行していくときには、良くも悪くもその現業に引っ張られがちですが、そういうときにこそ、普段の既存事業と同じような動き方になりすぎないように注意していきましょう。

3.　デジタルテクノロジーにおける事業策定のポイント

　以上で第7章の前半として、一般的な企業内で新規事業を考えていくフローやポイントを見てきました。後半では、デジタルテクノロジーに特化して、それを事業化するときのポイントを前半の流れから特に注意すべき点やインプットしておくべき概念を別でまとめています。

　以降、重要になる5つの項目について見ていきます。

（1）技術的な競争優位の作り方

　まずは、事業を考えていく上での技術的な競争力の作り方です。あるデジタルテクノロジーを活かした事業であればあるほど、そのテクノロジーを使っていくことについて蓋然性と将来性を同時に説明していき、技術そのものでも競争優位や会社が取り組む意義を明文化することが重要になります。なぜそのテクノロジーを使いたいのか、どのように役に立つのか、そのテクノロジーの持つ背景の中で、自社がなぜそれを行っていくべきなのかという説明やストーリーを作るわけです。これには大きく分けて3つの要素があります（図7-13）。

　まず、最もシンプルに自社技術そのものに優位性がある場合です。自社にそのデジタルテクノロジー自体の研究開発上の優位性や、そのデジタルテクノロジーではないにしても、それと組み合わせることで有効な知的財産を持っていることは価値がありわかりやすいでしょう。その場合はそのテクノロジーがさらに強化できるポイントや掛けるべきアセットがないか、それを強化した先に市場でのポジションは良くなったり不動なものになるかを考えていきます。

　次に技術を良い条件で調達できる環境を引き出すということです。次章に
なりますが、投資をする際に条件を付けて一緒に進めるということも可能です
し、自社にある別のアセットをどう組み合わせるのかという部分も重要です。
持っている技術へ別で持っているリソースやアセットが組み合わされば、非常
に優位なものになるということです。

　そして、会社の企業理念や中期経営計画などと整合性がある場合です。自
社がお客様に提供したいと考えているミッションやビジョンと結びつくストー
リーがそのテクノロジーによって、より説明しやすくなるということは強み
になります。特に To C の場合は「なぜ A 社が B という事業をやるのだろう」
ということがしっくりこないと購入に至らないことがよくあります。いくら工
場のラインと労働力があるからといって、女性向けのハイブランドのメーカー
が全く会社の経営理念に関係のない男性向けの安物の服を作っていたら違和感
があることと同じです。

| 図 7-13 | 強い技術優位性を作れるか検討する 3 要素 |

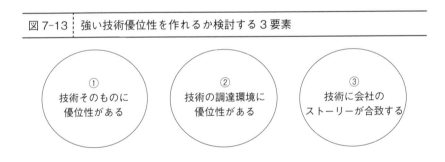

①
技術そのものに
優位性がある

②
技術の調達環境に
優位性がある

③
技術に会社の
ストーリーが合致する

　しかし、大半はそれを簡単に説明することは難しいでしょう。技術的な強み
は？　と聞かれますが、既にハイプ・サイクルの後半になっている時点でかな
り技術での戦いが苦しいものもあると思います。その場合は、マーケティング
やセールスでカバーしたり、仕組みとして前後のプロセスやライセンスの関係
をおさえにいくことが重要になります。マーケティングの仕方は、第 8 章で解
説します。

（2）　データ取得環境の整備

　次にデジタルテクノロジー特有の話として、事業開発の中でも、データの取得条件を細かく確認していくプロセスが必要になることがあげられます。

　この設計では、一般的には大きく3つの情報管理を考えていく必要性があります（表7-1）。まずは、事業に直結するデータです。普通のWebサイトやアプリケーションでは定式化されているからわかりやすいですが、主に以下の数値を取得していきます。

表7-1	取得していくべきデータ

総量がわかるデータ	PV、UU（ユニークユーザー）
動きがわかるデータ	アクティブユーザー、接触／滞在時間、イベント参加数
収益がわかるデータ	課金ユーザー数、課金額

　量がわかるデータとは全体のスケール感がわかるデータです。全体の規模をおさえつつ、その中でも特筆した動きをとらえる仕組みを整理して、最後に収益がわかるデータを取っていきます。

　こういったデータの取得環境のためには、無償のツールがたくさん出ています。Webの場合は、Googleの「Google Analytics」が世界で最大シェアを持っています。無償版でも充分使える仕様になっています。コアな計測が可能なツールもあります。こういったデータをBIツールで可視化する流れも加速しています。これらを有効に活用してデジタルのモニタリングを強化すると実行案を出しやすくなることもありますし、PDCAに目的意識を持って実施できるようになります。

　次に、個人情報や一次情報の有無です。会員データは、お客様とのコミュニケーション上も必要になる側面があるものの、第5章でも触れていますが、厳重なセキュリティと規約で設計していく必要性があります。例えば、広告で利用する可能性や、あとでメールマガジンなどを送る場合はそういったことを

規約に盛り込んだ上で同意を取っていく必要性もあります。昨今ヨーロッパのGDPRもそうですし、中国の情報統制、日本の個人情報保護法改正の流れも含めて、どんどんデータの企業における管理を厳しくしていく傾向があります。しかし、逆にルールを守れば使ってもいいということでもありますので、その事業の中で収益にしたいのか、モニタリングのツールなのか目的を明確にして活用していくことが重要になっているということです。

　最後に、そのサービスが動作するためのデータ管理です。昨今はデータ自体がないと動かないデジタルテクノロジーも多数存在するため、そういったデータをどのように取得していくのかを方針と戦略に落としておく必要性があります。例えば、AIの場合は、その入力する教師データは何テラバイトになるのかであったり、入れた教師データの量がAIを動かすのに足りるとかを検証したりします。与信を入れてサービスをレコメンデーションするサービスであれば、その与信データを計測するインプットされるデータをどのように処理すべきか考える必要があります。

　そして、動作するためのデータ管理は、もう1つの観点として、インシデントを検証するデータが必要になります。皆さんもスマートフォンに入れているアプリがいきなりクラッシュして落ちたり、電波があるはずなのに通信がされず動かなくなってしまったことはありませんか。事業者視点ではあまり考えたくはないですが、デジタルテクノロジーで事業を行うということはそういった事故が起きてしまったり、うまく動かなくなってしまったりなどのインシデントが起こることがよくあります。

　Webサイトやアプリケーションであれば、そのログを取得する環境さえあれば事業に直結するデータと同時に収集ができます。しかし、ロボットだと負荷を計測するセンサーを搭載していないで工業業務などを代替させると、故障や事故などのインシデントがあったときに対応ができなくなってしまいます。

　サーバーインフラについても取得したいデータの量と同時接続数などで落ちない規定の容量は決まってきます。逆にデータが少ないときにそういった大容量ではないときにシステムを通常のサーバーではなく、ブロックチェーンで組むと運用費が非常に高くなりますが、チーム内でそういった要因をミーティ

表7-2 デジタルテクノロジーでの事業を考える上でのデータの概況への問い

①	事業がわかるデータがちゃんと取れているか？
②	ユーザーの1次データは必要か？
③	2次、3次で外部からもらいたいデータはあるか？
④	どのように管理やモニタリングをしていくか？
⑤	動作するためのデータ ・入れないと動かないデータはあるか？ ・インシデントを検証するためのデータは何か？

ング後に議事録などに残していないと、そのときになって「これはどういうことですか？」ともめてしまったり、無駄なコストを使ったり、そのときの意思決定経緯がわからないのでその対策を中止してしまったりということがあります。こういうことに後でならないように、データのことについて関係者で整理して議論をしておき、チーム内でこちらも共通の見解や想定を自社で持っておく必要性があります。

　デジタルテクノロジーで、サービスを考えていく／評価をしていく上での必要なデータ環境での観点をまとめています（表7-2）。

　この具体的なプラクティスだけで本が何冊も書けそうな話題なのですが、まず読者の皆さんに認識していただきたいのは、データの取得環境を上記の観点で事業を考えたり、評価していく上で必ず整備していく必要があるということです。

（3）データ活用への過信の禁物

　続いて、データに関するマインドセットも補足説明します。よくデジタルテクノロジーを活かした事業計画で「データでマネタイズをしていく」という事

業計画になっている会社が多数見受けられます。

　デジタルテクノロジーではデータが取れるから事業に有利と言われますし、実際にデジタルありきで事業を作るときの重要な特徴ではありますが、前項のような事業のPDCA以外に直接的にデータでマネタイズをすることは非常に大変です。

　「データが取れるのでそれを販売する」ということは話としては非常にわかりやすく、提供価値も一見わかりやすいので、情報を使ったビジネスに慣れていない新規事業の担当者ほどそういうことを考えがちです。しかし、ビジネスとしてフラットに考えるととにかく厳しいものがあります。

　最初に言わないといけないのですが、データ販売だけで事業がマネタイズできる産業はほぼありません。実際にマネタイズに大きく成功したサービスも規模が大きなもの以外は非常にわずかです。何かサービスがあり、まずそれの別の収益ポイントで販売収益でもエンドユーザー課金でもいいのですが、マネタイズがしっかりとできてから、後半に1,000万人単位でストックをためていったときにはじめて考えるくらいのイメージです。この例ですら、せいぜい収益の柱の1つにまで押し上げるのが難しい可能性すらあるくらい現実的には難易度の高い行為です。

　昨今、情報銀行などの仕組みで1次データを集めて個人情報と価値観や消費行動ログなどまでかなり重たい情報を管理できる体制を作っておくようなレベルで、価値があるデータを最初から販売できるようにするもの以外は、安易に実施することは難しいと考えたほうがいいでしょう。

　例えば広告に使うのだとかいうことがありますが、そのデジタルテクノロジーで取ったデータを使ってセグメントを切ることで、特定のユーザーに配信などで効率化できるだけだと収益にならないことがほとんどです。メディア的にそのサービス内を広告枠にする場合も雀の涙になってしまうことがほとんどです。アドネットワークも枠がある上でデータを持っているからそういったターゲット配信ができるわけで、価値があるのはデータよりも圧倒的に配信先の枠の存在と、それが獲得コストを満たすに足る価格で提供されていることです。そのデータを取れたものを活用してどれくらいの経済価値が出せるのか計

算をしてみると簡単に割り出すことが可能です。

　そして、前項で触れたようなデータに対する規制もどんどん厳しくなってきています。ヨーロッパのGDPRもそうですし、日本でもクッキー規制が本格的に検討されているだけではなく、保有する情報に税金をかけることも本気で議論に上がっています。

　また、データの許諾をとるオプトイン／オプトアウトを決める仕組みが曖昧で長い規約でいつの間にか許諾されているためユーザーから反感を買って問題になることも多々あります。

　そしてこれは筆者の個人的な見解ですが、これからブロックチェーンや事業のデータトレーサビリティが上がってくる中で、そうした規約違反を通報したり訴訟を簡単に起こせる仕組みが起こってくる可能性もあると考えており、安易なデータ販売やマネタイズへの乗り出しは、より今後リスクにもなってくるのではないかと考えています。

　ユーザーが進んでデータを預けたくなる環境やベネフィットを用意して向き合わないといけないということです。トレンドに流された適当な事業思考ではなく、そういった覚悟や哲学を持った経営が必要になるということです。

　昨今、10年ほど前のビッグデータの流れが落ち着き、データサイエンティストという職業が当たり前になってきていますが、データをわからなければわからないほどその将来性に期待していきますが、非常に丁寧に扱っていくべきもので安易に手が出しにくいものであることを覚えておきましょう。

（4）ユニットエコノミクスの概念

　ここからの2つの項では、主に事業面です。デジタルテクノロジーの事業を考える上でおさえておかないといけない指標の1つにユニットエコノミクスがあります。まずこの指標は何かについて解説します。

　「ユニット」はまとまりを表す単語ですから、ユニットエコノミクスというのは、顧客1人当たりでの経済性を評価していくという意味になります。つまり1回当たりの取引で販管費も全部入れて均等割で割ったコストを販売の単価から引いた時に黒字になるということの検証です。これが成立すれば、顧客を

入れれば入れるだけ儲かるということがわかります。下記に、本書で初めての数式として表します。

CAC ＋その他コスト＜ LTV

ここで、「CAC（Customer Acquisition Cost：顧客獲得コスト）」「LTV（Life Time Value：顧客生涯価値）」です。

顧客を1名獲得してくるときのマーケティングや営業などのコストに、サービスの原価や人件費、管理費などを足し合わせた合計値よりも、顧客の出す売上単価を足し合わせた生涯価値が大きくなるかどうかという判定を不等式で表したものです。

特に技術を生かした SaaS（Software as a Service：サービスとしてのソフトウェア）やコンサルティングといった、一定期間のサブスクリプション型ビジネスを考えたい場合には顧客1つ1つの取引から考えることができるので、特に安定収益化をしていくには、この数値の達成がマストになっています。

月額 1,000 円課金の動画 Web サービスを例として考えてみましょう。

①月額 1,000 円の定額サービスでユーザーは平均8か月で退会。

= 1,000 円× 8 か月 = 8,000 円

②マーケティング獲得に SNS 広告で今月 15 名獲得で 45,000 円かかった。

= 45,000 円÷ 15 名 = 3,000 円

③顧客1名の初回対応で月額 40 万円カスタマーサポートが 30 分対応している。

= 40 万円÷月 20 営業日÷ 1 日8時間× 0.5 時間 = 1,250 円

④コンテンツホルダーに売上の 30％を返金することになっている。

8,000 円× 30％ = 2,400 円

②＋③＋④＜①なので、ユニットエコノミクスが概算では成立。

この数値が達成されてさえいれば、あとは物理的に営業やマーケティングを重ねて、その獲得数を積み上げていけば、事業を成長させて損益分岐点に乗せられるというわけです。デジタルテクノロジーは初期の開発コストが高いものが多く、元々の技術的な背景や新しいがゆえの心理障壁もあいまって安定的な収益にいくまでに時間がかかるビジネスも多数あります。そこでユニットエコノミクスを計算して、その事業の売上や利益だけを追わず取引単位で事業の健

全性を判断していくわけです。

　特に本章前半の6つの事業区分における「モデル転換」で今1つひとつ発注ごとに毎回制作して販売している（スクラッチといいます）ものをサブスクリプションモデルでなどビジネスモデル自体が大きく変わる場合には、既存のこれまでの計算方法が通用しないことが多々出てきますので、その際にはぜひこの概念で概算でも計算していくと目標も立てやすくていいでしょう。ベンチャースタートアップの投資判断でもこの数値を達成されているかどうかで大きく異なります。

　実際に事業を行っていくと、収入を見るLTVや販管費、人件費などの支出は前後するので、ユニットエコノミクスの計算は定期的に3か月から半年ごとに見直していくことをお勧めします。

（5）オープンイノベーションの利活用

　最後のポイントはオープンイノベーションの観点です。6つの事業区分のポイントでは、「自社の課題解決」と「既存事業の拡張」「新市場参入」における3つのモデルに関しては、オープンイノベーションとの相性が格段に良くなります。

　オープンイノベーションとは、企業や研究機関、政府など組織やその個人間でリソース同士を掛け合わせて新しいサービスや仕組みを生み出すことです。新規参入することで1社だけではできない事業シナジーが出せるため、昨今大手企業新規事業開発のブームの中でも非常に注目をされている手法になっています。大手企業×ベンチャースタートアップの組み合わせがお互いのリソースがわかりやすいので組むことが一般的ですが、より広義には大手企業同士や非営利活動法人、産学官連携、個人なども含めて多義的に様々な組み方が考えられています。

　オープンイノベーションの一般的な流れは、その自社の戦略を整理したのち、作っていきたい事業を考えてから、提供リソースを精緻化して、そのマッチング先を組み付けて、PoCを行ってフィットするか見たのちに、契約して協業をしていくという手法です。

　最初の自社課題解決では、業務フローに使えるデジタルテクノロジーを探していくことで、次の既存事業の掘り起こしでは、既存事業の流れにフィットするまたは既存事業内のプロセスを最適化して新しいものを生み出すという方法です。

　最後の新規事業参入の場合は、そのままアライアンスやM＆Aなど大きめの提携をしていく手法が一般的になります。

　デジタルテクノロジーの場合もベンチャー持っている技術を大手企業へ提供して販売するスキームやOEMで提供して別のビジネスサービスに仕立てることで大きく展開することも可能ですし、逆に大手メーカーで死蔵状態になっている知的財産をベンチャー企業に提供して収益化を一緒に探ることも考えられます。同じテクノロジーで近い関係にある場合でも、一緒にあえて提携することで市場のリーダーをけん制するような動きもありうると思います。

　また、オープンイノベーションは相手がいる事業共創ですので、最初にお互いで戦略を練るときに下記の5点が重要になりますので解説します（図7-14）。

　まずは、「1. 市場を狙う意義」です。自社の経営理念やビジョンから、その市場および市場セグメントに参入することに、どういう意味があるのか、自社と市場の距離感はどのくらいか、具体的に自社には何が欠けていて、どのようなシナジーがあるのかを自社のみでビジネスを考えるとき以上に考えていきます。その製品やサービスはパートナーや消費者またはクライアントにとってどう魅力的なのかが説明できるレベルまで持っていく必要があります。

　次に「2. リソース状況の明示」です。自社はオープンイノベーションを行うときに何を資産として提供できて、逆にパートナーに何を提供してもらいたいのか。その製品やサービスがあると、自社にどういう競争力が生まれるのかを整理して提供できることで一緒に事業を作っていくときの役割を明確にしつつお互いのリスクや勝算を上げていきます。そういった内容が開示できない会社とは事業を一緒にやっていくのは難しくなりますが、NDA（守秘義務契約）を結んだ上でこういうことを話しておく必要性があります。特に何が資産になるか？　の見極めは極めて重要です。例えば筆者の場合は、電通でのマーケ

| 図 7-14 | オープンイノベーションの成功確率を上げる 5 つの項目 |

（出典：デジタルソリューションを乗りこなせ！新規事業開発との向き合い方 No.4　片山　智弘　2019 年　オープンイノベーションの成功確率を上げる方法　https://dentsu-ho.com/articles/6550)

ティングやクリエーティブのノウハウがあるため、その部分を売りにしてテクノロジーの企業と提携をしていくことが多いです。

　次に「3. 期待値の調整」です。お互いに、事業の各フェーズとゴールで、自社がどれくらいの経済的な便益と、どういうイグジット（投資資金回収手段）を狙っているか、パートナーはどういう業務提携関係で、どういう商流で、どれくらいの経済規模をその提携に求めていそうか、そういった金額や事業のその先の目線を一緒に擦り合わせていきます。これが規模感が異なると双方のどちらかが割を食ってしまったり、事業自体は別に順調に行っていても不幸になりやすいという問題に突き当たります。

　そして、「4. 事業のオープン度合いの擦り合わせ」です。他に良いパートナーや、入れたい会社が来たときに、追加参画やリプレースすることはありうるか、パートナーにとっての競合避止を受け入れるか、その検討はどういう基準で行っていくかという若干機微ではありますが、姿勢を擦り合わせていきま

す。この内容については最初からいきなりは話さずに、ある程度話が込み入っ
てきて形ができてきて、お互いの信頼関係が出来上がってきて本音で話せるよ
うになってからしていくとよいでしょう。この話がないままだと、相手として
お互いと、これ以上やっていっていいのか、一蓮托生なのか、一時的なパート
ナーなのかがわからなくなってしまいます。筆者はよく「この提携スキームで
他と組んでもらって一切構わないと思っている」など、自身スタンスを先に提
示しておき、そういうトラブルをうまく回避できるように予防線をはっていま
す。

　最後にお互いの「5. 文化の相互承認」です。特に大きな事業を一緒に仕掛
けていったり、ほぼ同じ法人格的に動くレベルである場合は、自社の文化と
パートナーの文化でコンフリクトはないかを考えていきます。もし、コンフリ
クトがあるならそれはどういう観点で、どういうリスクがあり、どんな対策が
できるのかを一緒に話し合うわけです。

　成功確率を上げるポイントは、この5項目を全ステークホルダーに説明でき
る共通言語に変えていくことです。それによって、全関係者に自分ゴト化させ
ることを目指していくのです。そのためには、自社としての意思・目論見を持
ちつつ、何を相手に価値提供できるかを徹底的に整理しながら考え抜く必要が
あります。よくオープンイノベーションは先のコラムに書いた通り、大手企業
のポージングだけになってしまったり、ベンチャースタートアップ側も大手企
業の論理を全く理解できないまま突っ走ってしまったりと相互で認識の齟齬や
問題が起きてしまい、なかなか成果を出すことが難しい分野でもあります。

　しかし、例えば、国内で爆発的にヒットしている歩数×ゲームの分野でも
「ポケモンGO！」はナイアンティックとポケモンの提携から、「ドラゴンク
エストWALK」もコロプラとスクエア・エニックスの提携から生まれていま
す。さらに、歴史をたどっていくと、電通のTVCMが配信できる放送局との
提携の仕組みも極めて初期にはオープンイノベーション的な関係から始まって
いたり、ユニクロの人気商品であるインナーウェアのヒートテックも東レの
摩擦で発熱する繊維技術とユニクロのマーチャンダイジングとサプライチェー
ン、マーケティングのノウハウが組み合わさったことで生まれている話は有名

です。

　デジタルテクノロジーでもこのオープンイノベーションは有効で、むしろテクノロジーを持っている側にとっては提供するアセットになる技術についてはわかりやすいので、あとはどんなパーツが足りないのか、どのようなマーケットを切り開きたいのか、どのようなアセットがあればさらに事業がグロースするのかという観点で提携を考えていくことで、非常に簡単なスキームであれば組み立てることができますので、有用な使い方を多数考えることができます。

　様々なものが実はいろいろな企業の提携関係により生み出されていて、オープンイノベーションはうまく使うと確かに実績を出している手法であるため、読者の皆さんもぜひ習得すべく実践してもらえたらと思っています。

4. デジタルテクノロジーをビジネスで語れる視点を持った人材の価値が上がる時代へ

　いかがでしょうか？　たくさんのポイントが出てきたので、難しく思う方もいるかもしれません。デジタルテクノロジー自体の発展と事業化がこれからもますます進んでいく中で、今後、さらに事業面でそれを語れる人が非常に重要になってきます。

　皆さんも上記の流れを自身で実践することでデジタルテクノロジーをビジネスで乗りこなして、新しい事業を作ったり、既存事業を評価・分析して強化することを考えることができる人材を目指していきましょう。

コラム ボックスモデル

　実は、今回のデジタルテクノロジーの構造マップでの理論ルーツは大学院生のときに専攻していた地球システム科学という学問にあります。

　地球システム科学とは、化学や地学の複合分野にした自然科学の学問分野の1つです。地球全体の自然現象や資源・物質の流れを、地球を1つのシステムとしてとらえて、それを構成する要素をできるだけもれなくダブりなくなるように「系」に区切っていきサブシステムとして定義して、そのシステム間の相互作用をつかって流量を測ったり、反応を解析していくものです（図7-15）。

　（詳しく知りたい方は、大学時代の恩師である鹿園直建先生の著書「地球システムの科学」をご覧ください）

　例えば、海の海面と、それに接する空について考えれば、「海」と「空」という地球を構成する2つのサブシステム間で、海から空へは普段は水蒸気が蒸発していき、逆に雨が降れば空から海に雨水という水分が反応が起きていると言えることになります。「海」は「川」からも水や魚類を中心にした生物が供給され、深海の「地面」からも熱水と金属や硫黄などの物質を受け取っているとすると、1つの循環図になって考えることができます。

図7-15 ｜ 地球システム科学の基本的な考え方

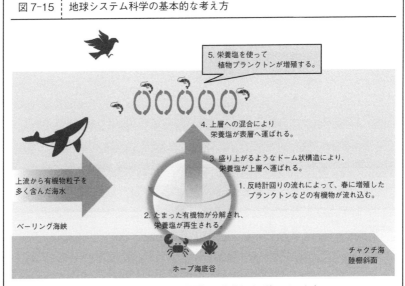

※説明を簡略化するために化学式やその流量計算の数式などは除いています。

　図7-15は絵的に示していますが、もっと模式的に箱の図形を使って表7-16のように表すこともできます。

図7-16 ┊ 地球システム科学の基本的な考え方［模式図］

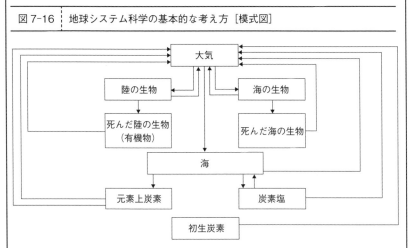

※図は、長期的な炭素の物質循環サイクルに関するHolland（1978）、Lasaga（1981a）の和訳と、「地球システムの科学　環境・資源の解析と予測」東京大学出版会、鹿園直建 著を簡略化した。

　ここまで読んでくださった読者の皆さんにはよくわかると思います。そうです、今回の理論は上記に当てはめてみると、情報を「物質」としてとらえて、「空間」をサブシステムにすると全く同じようにそのまま使うことができます。
　この入力や出力がある系（箱）に向かって流れて流入や全体構成を明らかにする理論体系について「ボックスモデル」という名前を付けています（図7-17）。この図を応用すると、デジタルマーケティングにおけるユーザーのアクセスや回遊を示すために用いたり、経営学の組織のキャッシュフローや資産の入りもそうですし、普段書いている商流図がこれと全く同じものになるので、いろいろなところに役立てて使うことが可能です（図7-18）。
　この仕組みが同じになる面白さは、ビジネスも自然科学もテクノロジーも広義的にとらえた意味での「システム」は汎用的な理論としてつながっているということです。科学の奥深さをこういうところに感じています。

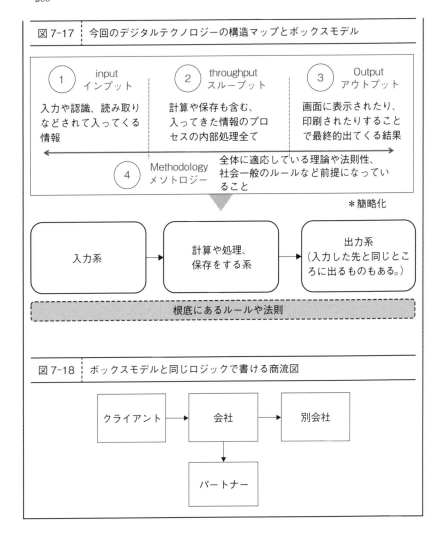

図7-17　今回のデジタルテクノロジーの構造マップとボックスモデル

① input インプット
入力や認識、読み取りなどされて入ってくる情報

② throughput スループット
計算や保存も含む、入ってきた情報のプロセスの内部処理全て

③ Output アウトプット
画面に表示されたり、印刷されたりすることで最終的出てくる結果

④ Methodology メソトロジー
全体に適応している理論や法則性、社会一般のルールなど前提になっていること

＊簡略化

入力系

計算や処理、保存をする系

出力系
（入力した先と同じところに出るものもある。）

根底にあるルールや法則

図7-18　ボックスモデルと同じロジックで書ける商流図

クライアント　→　会社　→　別会社

会社　→　パートナー

第 **8** 章

デジタルテクノロジーのマーケティング

　本章では、最後に、デジタルテクノロジー分野におけるマーケティング方法を紹介していきます。テクノロジーの評価ができるようになっていく部分を第5章まで、その上で第6章と第7章にかけて自社への調達や導入、事業を作ったりしていく上での流れを学んで自分が実践する場合や、活用する行動単位で評価分析ができるような下地をつけてきました。

　しかし、デジタルテクノロジーはただでさえ難しいと敬遠する人がまだまだ多い分野です。本書を手に取ってくれた読者の皆さんは比較的知的好奇心や事業での必要性が高いかもしれないので別かもしれませんが、せっかくこれらのステップを踏んで素晴らしい取り組みや企画ができても、最後にマーケティングができていないばっかりにユーザーに興味を持ってもらえなかったり、使ってもらえなかったり、理解されなかったりと、考えている以上に売れなかったりすることが往々にしてあります。良くも悪くもサービスや技術がコモディティ化していく中で、事業者目線でもマーケティングの価値が重要になります。

　そして、デジタルテクノロジーの評価・分析にあたっても、逆にマーケティングや表現で訴求されている部分の表現が良く見えすぎてしまい、正しく価値を判断できなくなることで、元々のテクノロジーの本質的な価値を見誤ってしまったりするリスクもあります。

　デジタルテクノロジーの評価・分析、そして活用をしていく中でもマーケティングをしっかりと押さえていくことが、ご自身で取り組みをしていく上でも、評価・分析を正確に行っていく上でも、非常に重要であるということです。

　補足になりますが、あくまで優先順位は圧倒的に、デジタルテクノロジーの技術とサービス内容そのものと、その事業プランや取組といったこれまで見

てきた内容が重要であることは言うまでもないことです。しかし、良い事業プランやテクノロジーであるにも関わらず、マーケティングに失敗してしまうと元も子もない話になってしまうということです。数学でいう必要条件と十分条件の関係でいえば、自社導入や事業開発、投資が最初に無いといけない必要条件、マーケティングはその後で押さえていくべき十分条件であるという関係をイメージしてもらうといいと思います。

　本章も第7章と同様に、まずは一般的なフローを改めて確認していきます。マーケティングには第3章でのUXやブランディングの観点や、事業と接着する部分が多数あり、これまでのデジタルテクノロジーの評価分析の観点で扱っている部分も多数ありますので、その部分は適宜出ている章を紹介した上で割愛いたします。

　そして、その後、マーケティングにおける訴求先になるターゲットがToCの場合、ToBの場合を見ていきます。最後に、広義のマーケティングということで、導入における自社でのインナーコミュニケーションの場合と3つの構成に分けて共有しましょう。

1. 共通点（マーケティングの一般的なフロー）

　最初に本書内の他分野と同様に、マーケティングの全体概要を解説します。
　まずは、マーケティングという言葉の定義を確認していきましょう。マーケティングも著名なメソドロジーでありながら、皆さんも「マーケティング」という言葉自体は聞いたことがあるものの、具体的に意味を正確に説明してほしいと聞かれると意外と難しいと思うのではないでしょうか。
　マーケティングという言葉の定義は、日本マーケティング協会から1990年に以下のように発表されています。
　「マーケティングとは、企業および他の組織がグローバルな視野に立ち、顧客との相互理解を得ながら、公正な競争を通じて行う市場創造のための総合的活動である」
　（参考：https://www.jma2-jp.org/jma/aboutjma/jmaorganization）

　言葉としては難しい単語はありませんが、こちらももう少し恣意的な筆者の解釈で言いますと、「売るための仕組みを作っていくこと」です。

　皆さんマーケティングというと思いつく「広告」もあくまでその仕組みを作る手段の1つであって、全てそこに見込み客である未来のユーザー、またはある程度顕在化したニーズはあるのに、そのサービスやプロダクトを知らないユーザーに向けて市場へ消費を喚起させているのでマーケティングなのです。

　ちなみに、よく混同されやすい営業、「セールス」というのは、上記のマーケティングとは異なり、既に市場が創造されていて、目の前でニーズを抱いているお客さんがもっている課題を自社の商材で解決していく（その先に購買がある）ことです。

　例えば、あるシステム担当者が作りたいと言っているシステムについて、自社のエンジニアの話を聞いて、作れそうなシステムのプランを提案するのは、マーケティングではなく顧客の課題を自社のエンジニアというリソースで解決しようと提案しているのでセールスです。しかし、システムのプランを、もっとわかりやすく要約してビラにして、そういったシステム技術系の展示会において配ることで、興味を喚起して買いたいと思ってもらうことは、このシステムを売るための仕組みを作っているので、マーケティングなのです。

　マーケティングは1900年頃のアメリカで概念として誕生してから、日本でも今現在においても、学問として、企業活動としても、市民権を持った非常に歴史のあるメソドロジーです。そのため、諸派アプローチがあり、各種フレームワークもたくさん存在していますが、本書では、ニール・ボーデン氏に始まり、フィリップ・コトラー氏という世界で最も有名なマーケティング学者の理論に立脚した一番著名なパターンを中心に抜粋して紹介していきます。

　一番わかりやすいのは、全体の分析をしてからサービスや市場での立ち位置を規定した後に、マーケティング・ミックスを行うという流れです。これはマーケティングを設計していく上での一連の流れを必要なフレームワークを用いて、精緻に分析していくことで具体的なマーケティング施策を考える下地を作っていくということにつながっています。この流れも使うフレームワークの種類や分析の切り口にはばらつきがありますが、基本的な流れは共通です。筆

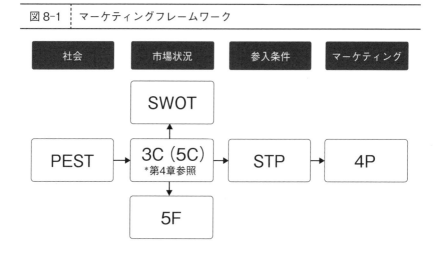

図 8-1 ｜ マーケティングフレームワーク

者がよく使っている流れをここでは紹介しましょう（図8-1）。

なお、3Cについては事業の部分やデジタルテクノロジーの評価分析をしていく上で、第3章の分析でも出ていますので割愛しますが、念のためあらためて、4Pまでの部分を順番に見ていきます。

まず、最初に社会環境分析があります。有名なフレームワークであるPEST分析をかけて社会環境分析を実施して全体像を確認していきます。ここで今回マーケティングを考えていく対象製品に関連する有利なことや不利なことがないか見ていきます。Pは政治を指すので社会的な規制の状況を第5章の知識に沿ってまとめていきつつ、重要になりそうな政治的な変化を追っていきましょう。Tはテクノロジーの略なので、このマーケティングの対象になる個別サービスのデジタルテクノロジーの分野そのものに関連する内容を書いていきます。例えば、個人で売り買いをする事業のマーケティングを考えているときはC to Cの全体のトレンドを書いていくという具合です。

エッジのあるトレンドがあればそれも書いていきます。Eはエコノミクス、Sはソーシャルですが、この2つには、今の経済的なトレンドでその技術やサービスおよびターゲットに関連しそうなことを記入していきます。

例えば、2020年4月には同年の5月6日まで新型コロナウイルス感染症対

策による緊急事態宣言の暫定措置が全国で出ました。その中で、外食産業や人の移動に関して、自粛要請がある中で経済が止まっていますので、外食産業事業者は資金繰りに困り、店舗の中の体験価値向上に向けたマーケティングや新しいテクノロジーを入れていくのは難しいはずですが、社会的には家に食品を持ち帰ったり、デリバリーで頼めたり、インターネットでまとめて注文できるようにするような移動距離や配達を変えるようなものは有利になりそうだということはイメージできると思います。このように、デジタルテクノロジーのマーケティングにおいても影響が出そうなことや、デジタルテクノロジーに関連しそうだと少しでも思うことをたくさん書いておく流れで実施します。実際に社内で稟議を上げる段階や投資家に説明する際には端折ってよいと思いますが、どこが引っ掛かるかが説明や返答、事業プランの評価ポイントになりますので、その可能性を列記することは重要です。

　続いて、ターゲットユーザーのカスタマージャーニーをベースにして、打ち手ができているか、計測できているか、そしてSTPやSWOTを意識したメッセージ戦略になっているかを見ていきます。

　SWOTとは、Strength（強み）、Weakness（弱み）、Opportunity（機会）、Threat（脅威）それぞれの頭文字をとったもので、そのサービスや事業とそれを取り巻くチャンスとリスク要因を洗い出していきます（図8-2）。強みと弱みにはそのデジタルテクノロジーにおける競合や一般的な指標に対して比べた場合の特異的なポイントを、機会と脅威には、文字通りそのマーケティングの対象事業やサービスにとって今後有利になりそうなことや、脅かされる外的な理由でマイナスになりそうなことを記入します。海外のビックプレイヤーがある場合はそれも書きましょう。

　このように可視化することで、マーケティング上訴求できる点は何か、逆にこれから施策で埋めていかないといけない部分が何かが見えてきます。それを行うことで、マーケティングだけではなく、事業や経営戦略サイドにも必要な情報をフィードバックしていきます。

　その後、5F（ファイブフォース）分析に沿って、市場に係る力関係を実施していきます。売り手の交渉力、買い手の交渉力、新規参入の脅威、代替品

図 8-2 | SWOT 分析

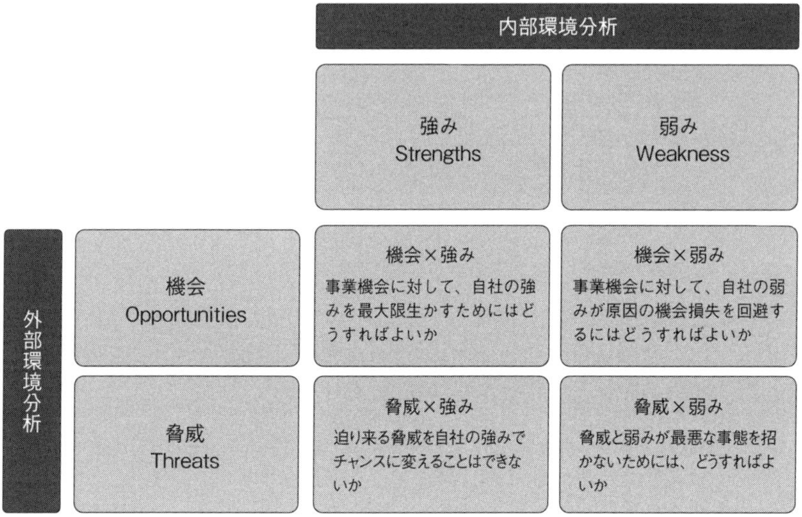

の脅威、業界内の競争環境の激しさを見ていく著名なフレームワークです。SWOT で突出して危ない要因が出てきたときに上記の項目からピックアップしてさらに、その原因背景や実施内容を細かく検証して明文化することがポイントになります。デジタルテクノロジーの場合はプログラムなので、実は模倣が平易なテクノロジーの場合、これでマーケティングをしてトレンドになると、競合がすぐに参入してくる可能性があります。売り手側のほうが限定的な技術だったりすると、その調達が大変になり例えば施策をしようとしたのに在庫やエンジニアリソースが切れてしまって提供できなくなったり、最初に考えていたプライシングで提供できなくなることがあり、施策をマーケティングを考える上でも制限要因になることがあります。

　次の STP とはセグメンテーション、ターゲッティング、ポジショニングです。

　ターゲティングにおけるターゲットについては、製品やサービスと紐づくため UX の第 3 章に、2 つ追加で考える観点が出てきます。

　まず、マーケティングの施策を最後考えていくというポイントがあるので、第3章で紹介したペルソナやプロファイルでも、接触メディアや好きそうなコンテンツなどを同時に調べておくと、さらに成功確率も上がると思います。

　そしてもう1つはデジタルテクノロジーの固有の問題ですが、第3章のエンドユーザーターゲットだけではなく、株主や代理店、クライアント側のパートナーや学者など他の訴求で利害関係のありそうな人たちがどう思うかを確認しておく必要があります。具体的なサービス名は言えませんが、あるメディアアプリで、これから取るべきエンドユーザーである比較的リテラシーの低い人たちに向けて急にメッセージをわかりやすくして、キャラクターなどを使ったキャンペーンを行った結果、これまでいた高リテラシーなユーザーが離れていってしまったり、あまりの広告の迎合感が嫌でデジタルテクノロジーを作っているエンジニアが退職してしまうといったことが起きてしまいました。まず、この製品サービスを取り巻く利害がありそうな関係者は全体にどんな人がいて、今後施策をするときにどう映るのか、ということもよく見極めていく必要性があります。

　ターゲティングでデジタルテクノロジーの普及戦略に欠かせないのはジェフリー・ムーア氏のキャズム理論です。図8-3は、その理論を拡張した打ち手やターゲットのWebサービスやスマホアプリといったITサービスの場合のイメージ図です。

　キャズム前後のターゲットのペルソナのうち年代や性別、収入、趣味などは同じであっても、ITリテラシーと流行感度によって、実際にユーザーになるタイミングが微妙に変化していくというケースが実際にあります。例えば、良いサービスで、しかもターゲット選定も間違っていないのに流行っていないというパターンを考えてみます。そのような場合に上に紹介した理論を応用すると、訴求するコンタクトポイントやメッセージを、サービスのリリース後に様子を見ながら変えていくことが施策として考えられます。

　このITリテラシーを考慮できていない場合は、ハイリテラシーな一部の「マニア」だけが使ってしまい、かりにペルソナのプロファイルがヒットしていても、一気に施策を考えられていないことになってしまいます。

208

図8-3 キャズム理論とデジタルテクノロジーのマーケティング

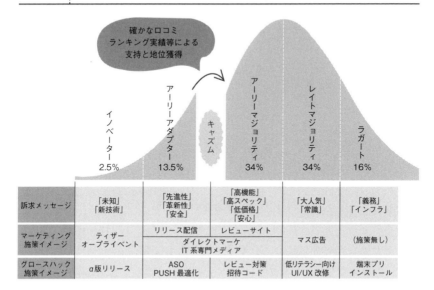

	イノベーター 2.5%	アーリーアダプター 13.5%	キャズム	アーリーマジョリティ 34%	レイトマジョリティ 34%	ラガート 16%
訴求メッセージ	「未知」「新技術」	「先進性」「革新性」「安全」		「高機能」「高スペック」「低価格」「安心」	「大人気」「常識」	「義務」「インフラ」
マーケティング施策イメージ	ティザーオープライベント	リリース配信		レビューサイト	マス広告	（施策無し）
		ダイレクトマーケIT系専門メディア				
グロースハック施策イメージ	α版リリース	ASO PUSH最適化		レビュー対策招待コード	低リテラシー向けUI/UX改修	端末プリインストール

（出典：ウェブ電通報「ITサービスへのキャズム理論の応用」https://dentsu-ho.com/articles/2801）

　ここで考えていくべきは、STPの残りのセグメントとポジションについてです。この2つはどの顧客層のどのポジションを狙っていくかを考えていくというものです。セグメントとは、サービスがある市場の位置づけをビジネスモデルや領域感で明確化して規定するものです。例えば、あるAIベンチャーのマーケティングを考えたときに一口に「AI市場」と言っても、「組み込み型のスクラッチ開発の製造業向けAI」と「ツールになっていてサブスクリプションで販売できるマーケティング用のAI」は同じAIといっても中身が全然違うマーケットであり、そこにいる顧客層は全然違うものになるといえます。このどこにいるのかが変わると、ベンチマークすべき競合のイメージが変わることがあります。

　他にも広告代理店市場の場合にも、電通のように国内外の大手企業がメインクライアントの総合広告代理店の企業群と、中小企業や個人のフリーランスや

自営業の方向けのツールをメインにしたマーケティングをする専業代理店では全く見て狙っている市場の中での位置づけ、すなわちセグメントが異なるといえるわけです。

　最後のポジショニングとは、その顧客層のセグメントと狙っていく対象の中で、どういう存在にいるかということを規定するものです。ポジショニングマップを作って競合の中でどこにいたいかを明確にして戦略に落とし込んでいきます。第4章の競合分析をマーケティングや外部露出の観点で深く実施することがポイントです。これによって彼らとの競合の差別化戦略を体系立てて考えていくというわけです。

　上記のSTPはユーザーを見て自社の競合や差別化、施策を考える基礎にするというものですが、マーケット全体での自分たちがどこにいるべきかも同時に規定していきます。

　マーケット全体非常にわかりやすい区分としては、リーダー、チャレンジャー、フォロワー、ニッチャーという立場を、今現在どこにいるか考えたり、目指すところを規定していきます。「リーダー」とは市場のNo.1である存在、「チャレンジャー」はそのNo.1を狙っていく存在、「フォロワー」とはそういった会社に追随しながら手堅く収益を上げていく存在、「ニッチャー」とはさらに狭いセグメントで戦うということです。

　例えば、デジタルテクノロジーではありませんが、チョコレート市場におけるチロルチョコ社の「チロルチョコ」はニッチ戦略の有名な例です。小型のサイズにして数十円で購入できるチョコレートを作り、駄菓子と同じポジションで食べられるようにしたことで、独自のポジションを作っています。マーケットサイズが比較的大きくない上に専用の生産ラインが必要になるため大手企業が参入しにくくなっていますし、プロモーションにおいても、売り場の棚で駄菓子やレジの前などに並ぶことができるため流通上も優位性があります。たくさんのラインナップを揃えていて、そのクリエーティブをそのまま効率的に使ってマーケティングキャンペーンなども行っています。

　デジタルテクノロジーの世界でもリーダーポジションだけではなく、こういった隙間産業や特定のマーケットセグメントに特化させた技術で、優位を

狙っていく戦略も十分にあると思います。特に IoT や AI は、建設業界向け、食品産業向け、金融業界向けなど、業界名×Tech を付けてその業界のデジタルテクノロジーの総称をいうように特化収れんさせたサービスではマーケティングも効率的にできてポジションが確保しやすくなっています。

ややマーケット全体の話にも脱線しましたが、デジタルテクノロジーではこの STP を見る考えで非常に注意しないといけない観点が2つあります。

1つは、技術進歩がここに影響を及ぼさない可能性がかなりあるということです。端的にいうと、技術が1位でもマーケティングや流通など別の要因で狙っているポジションがとれないことがあるのです。技術が新しいからこの層へというのは通用しないと思ったほうがいいでしょう。ニーズがあることと技術が素晴らしいことは別であるということです。

もう1つは、これもテクノロジーの性質として必要に応じて、セグメントピボットを頻繁にしてたくさん試行回数を回していくことが重要であるという点です。例えばですが、工場の生産予測が製造業でできる AI があるとしたら、それを製造業の工場長に売るだけではなく、その製造をシミュレーションする機能に単価とその会社のキャッシュフローを変数で付与してコンサルタントが使えるような製品に入れ替えてコンサルティングファームに営業にいくことができるはずです。ある業界の課題に思い入れがあって始めた事業ならそういったストーリーも大事にしてほしいのですが、そうではない場合は適切にその技術がどういう汎用性があるか、もう一度見直すことが重要になるというわけです。ですのでマーケティングの流れでは STP の順に行うのが王道ですが、実際にはデジタルテクノロジーの場合は評価分析過程で T の話をしてから S と P について技術展開の仕方でマーケティングも調整して考えていくという順番でいくことが多いです。

そして、このマーケティングミックスの最後は、有名なフレームワークである 4P（ヨンピーと読まれることが多い）です。それぞれ Product（プロダクト）、Price（プライス）、Place（プレイス）、Promotion（プロモーション）の頭文字を総称しています。最初のプロダクトについては、これまでの章で特に UX 観点などを中心に評価・分析を触れてきているので、それを実施すれば充分で

す。強いて言えば、製品の機能ではないコンセプトと提供価値を明確にして他の施策がぶれないように明文化をしていくということくらいです。他の３つが重要になるのでそちらを解説していきます。

　Price はご存知の通り製品サービスの価格を指します。価格は大きく３つの観点で付けていきます（図8-4）。

　まずはコストを積み上げてそこに利益率を乗せて値付けをする方法と、続いて競合や代替品と比較して価格を付ける方法、そして、ユーザー側の期待値や削減されるコストでのギャップをすり合わせながら価格決定をする方法です。１つ目の方法だと、経営合理的に説明はしやすいですがプロダクトアウトになってしまうので極端な話、販管費が大きくかかってしまっていると金額が付きにくくなってしまいますし、２つ目の方法だとユーザーに既にある競合を基準につけているので納得はされやすいですが競合が何か特殊なやり方や一時的な施策でコストを下げてきたときにそれに引っ張られて自分も下げてしまうということになりかねません。最後の３つ目は、購入プロセスにおいても蓋然性を求められる To B の製品サービスでは有効なことがたくさんありますが、例えば最新のテクノロジーを用いた音楽や芸術、体験といった心理的な価値になった場合は金額を付けることができなくなります。これらの方法を３つミックスさせて決めていく必要があります。

　また、ビジネスモデルにおける影響を加味していく必要性もあります。例え

図 8-4 ｜ 価格の決定方法３つのアプローチ

コスト積み上げ価格	競合参考価格	価値価格
・使う原価に営業利益率をかけて価格を付けていく	・競合や代替品がある場合にその参考にした価格を付けていく	・生み出せる価値に対して価格を付けていく
・最もビジネス的リスクが小さいが、正確に原価計算ができることが前提になっている	・設定はしやすいが、差別化がしにくい	・計算がしにくいが、納得度が高いものができると売りやすい

ば仮に月 1,000 円くらいで楽しく遊べるデジタルサービスの製品であれば半年
間サブスクリプションになるときにはそのまま 6 倍で 6,000 円とはせずに、そ
の都度購入してもらうマーケティングコストを勘案したり、やめにくくなる効
果を狙って、3,500 〜 5,000 円の普通に買っていくよりお得な心理を加味した
設計にしていくことのほうが多いと思います。

　価格で重要なのはその価格を上記ミックスさせてどう付けるかもそうです
が、皆さんもイメージがつくかもしれませんが、B to B のソリューションの
中ではあえて価格を公表はせず、プライステーブルも曖昧にして、それによっ
てお問い合わせをもらう手法や、フリーミアムモデルで一定期間は無料で使っ
てもらいながら、それで興味を持ってもらった後に有料顧客に転換してもらう
サービスも多数存在しています。

　Place はその製品サービスが販売される場所と流通するチャネルのことを総
称しています。その製品を買いたいと思ったときに店舗なのか EC なのかどこ
でそのプロダクトやサービスが売られるのかを考えていきます。そして役割を
分担していきます。例えば製品の Web サイトで、3,000 万円のシステムをい
きなり購買担当者が読んだだけで買うでしょうか。まず 100% 買わないでしょ
う。商談につなげるために情報提供することが重要になります。

　このように各チャネルになる顧客接点にはそれぞれが重要な役割があると
いうことです。どこに流通させるのかをメインにするかをまとめて優先順位を
つけていきます。例えば、HR テックのタレントマネジメントシステムだとし
たら、製品のホームページもそうですが、まずはなぜタレントマネジメントが
そもそも必要なのかから話してくれる営業マンのチャネルから入っていかない
と売れなさそうだとか、ソースコードやソフトウェアは無料で落とせるように
なっていて、そのサポートや機能拡張で電話やメールで追加申し込みをするよ
うな形式もできるはずです。代理店に販売してもらうという施策もあるでしょ
う。こういった形で、どの手段を使って顧客に届けるのか販売経路を明確にし
ていくことが Place を整理する上での重要なポイントです。

　デジタルテクノロジーの販路はいくつかに限定されるので、その中でどう優
先順位をつけていくかを考えていくことが重要です（図 8-5）。

図 8-5	デジタルテクノロジーの主な販路

		メリット	デメリット
Place	ダイレクト セールス （電話やチャット）	顧客の声を聴きながら対応できる	デモンストレーションが必要なものでは使えない
	リアル店舗販売 （オンライン）商談	・高額なものが売りやすい ・必要に応じてデモが可能	工数がとにかくかかる
	EC	デジタルで販売が完結する	昨今はかなりUIが改善しているが、情報が伝えきれないときがある
	フリーミアム	試してから継続してもらえる	全てのコンテンツでは使えないし、デバイスとセットだとコミュニケーションコストがかかる

　最後の Promotion は具体的にチャネルに誘引するために広告される場所や手段、掲載するメディアの種類などを指します。展示会もそうですし、Web広告や仕込み記事、看板広告などもあります。こちらも役割を意識することが非常に重要になります。例えば新幹線で出張に行ったときに知らないシステムの会社のアナウンスやテロップ広告を聞いたことがありませんか。あれは、エンドユーザーではなく、出張する決裁者が乗るような新幹線に会社名と技術の内容だけを刷り込んで認知を上げることだけに特化して実施しています。また、あくまで派生したメリットではありますが、裏の目的では、自社の社員が出張で地方を回ったときに自社の広告やアナウンスを聞いてモチベーションを上げてもらうインナーブランディング的な効果もあります。

　4Pで最後のプロモーションの項目には、バランスと整合性が重要です。これは、大きく2つの観点があり、1つはこれまでの一連の流れとの一貫性で、矛盾していないかということです。例えば、富裕層を狙うと言っておきながら、比較的低収入な層に訴求するような場所に広告を出していないかや、実質オフラインでのチャネルしかないのに他のベンチャー企業などの事例を見て特

に戦略のないままオンラインの広告を中心にしてしまっていないか、などそういったこれまでの分析結果に忠実なアウトプットになっているかが重要であるということです。もう1つは4Pの中のこの項目では、広告や販促のみに施策の力点がいってしまいがちではありますが、広報の施策とはどう連携するか、もっと先のセールスのチームやカスタマーサポートの方々と連携できているのか、そういった連動を作るように全体のバランスを取っていくことが、この最後のプロモーションの部分できれいに考える必要があります。

　ここから施策を考えていくポイントに触れていきます。上記までの戦略整理が完了した後で、通常マーケティングでは施策アイデアを出して整理していきます。

　施策を考えるポイントで、デジタルテクノロジー特有のインサイトをどう押さえていくかがポイントになります。インサイトとは、人間や社会現象に表面では見えない内在している感覚や感情の総称のようなものを指しています。インサイトを突くと、非効率な消費やサービスへの好意度が上がる心の動きを作ることができます。

　例えば、筆者が経営しているセガ エックスディーで、株主のセガおよび東京ガスとリリースした「ふろ恋〜私だけの入浴執事〜」というゲームを、無課金で東京ガスのマーケティング活動の一環で行っていますが、Twitter上で「課金したい」という問い合わせをいただくことがありました（図8-6）。

　しかし、論理的に考えてみたら、有償ではなく無料でプレイできるほうがいいに決まっていますし、2020年4月段階のAppStoreの評価も4.6と非常に高いため、機能に対して重要な不備があるからお金を払ってでも直してほしいということでもないわけです。「お風呂で優しくイケメンに癒されたい」というかなりストレートなインサイトをゲームの形で突いたことでこういった施策が生まれるのです。

　もう1つ例をあげると、日本での就職活動では、若干の時代の変化はあるものの、大手企業が基本的に人気になります。これも、もちろん大手企業のほうが、財務的に安定している確率が高いからだとか理由はありますし、就活生にインタビューを実施したら、他にも社員が優秀であったり、ブラックではない

図8-6	ふろ恋 ― 私だけの入浴執事 ―

（出典：https://furokoi.jp）

からとか教育が充実しているなどいろいろな理由が出てきます。しかし、会社が安定していることと、個人の収入環境が安定していることは違うわけです。それよりも本当の内心は友人に自慢したいとか、幼少期からの学歴社会のせいで大きく有名なブランドにすがることを良しとして刷り込まれているせいでそういうバイアスがかかっているからこそ、そのようになっているというのもありうるわけです。

　これももしかしたら後から説明はつくかもしれませんし、何らかの結びつきと段取りは話せるかもしれませんが、アンケートなどを真正面からとってもこ

ういうデータは出てきませんし、実施する前に予想がつかない可能性のほうが高いでしょう。

　人間はとても感情的でかつ、表には出していない気持ちがたくさんあり、こういった観点をマーケティングの施策を考える上では見抜いていけるユーザーへの洞察や共感力、時代のトレンドをおさえる感覚などが必要であるということです。マーケティングがここまでサイエンスとして研究されている中でもプロモーションの最後の施策が玉石混交になってしまうのはこのためです。

　ですので、マーケティングミックス上の戦略では説明ができなくても、感じていくことを常に意識していくことが良いマーケターとしての本質であるわけです。昨今では心理学や行動経済学などはそういった公理をどう見つけるかにフォーカスを当てた学問になっている流れもありますが、心理障壁をどのように乗り越えるかを考える上で、このインサイトという観点はマーケティングの中でも最も重要なポイントの1つです。

　本書のデジタルテクノロジーでもこのインサイトの視点は同じく重要です。例えば、大半の人はデジタルテクノロジーが便利で安いなと頭でわかっていても使うまでに時間がかかったりします。これはなんとなくわからないから怖い、学習したくない、導入したくない、興味がない、難しそう…など様々なネガティブなインサイトに起因していくわけです。

　例えば、新型コロナウイルス感染症対策のための緊急事態宣言が出された中で、印鑑押印によるオフィスへの出社問題がニュースになっていますが、印鑑は論理的には手段の1つであり、この環境では少なくとも電子化したほうがいいことは誰でもわかると思います。電子押印自体も法律があり、然るべき方法を取れば問題ありません。しかし、スイッチングコストと心理的なコストがあってすぐに全社で導入、とはならないわけです。

　こういった形で、とにかくインサイトをおさえた施策の組み立てができるかどうかに、マーケティングの成功確率がかかっていることを理解してもらえたらと思います。

2. To C と To B のマーケティングの違いと施策イメージ

　全体像を大枠理解できたところで、デジタルテクノロジーのマーケティングの実践を考えていくにあたって最も大きな差になる To B と To C の場合について見ていきましょう。デジタルテクノロジーは To C 向けか To B 向けかで同じ製品でもマーケティングの仕方が全く異なります。具体的な施策についても一部紹介していきます。

　To C の場合は、技術内容を目的にした訴求をしないことです。どんなメリットがあって何のために使うのか、思い入れがあればあるほど技術的な部分を説明したくなりますし、筆者もそういうときがたくさんあるのですが、ぐっとこらえてお客様の役に立てるポイントに対して誠実であることが非常に重要です。

　To C では、最初から刈り取りや獲得型広告のようなユーザー単価がわかって、かつ顕在層が比較的取るような施策から始めます。とっつきやすくする SNS やキャラクターなどの施策もいいでしょう。それが平準化してユニットエコノミクスが合うようになったら、しばらくトップラインを伸ばしていき、PR などでアピールできる実績がついてきたら、継続的に獲得ができるようになってから、次の層を取りに行くためにマス広告を打ちます。

　To B の場合は、左脳的な意思決定になります。まずは To C と同様にアウトカムをはっきりとしていくことが重要です。しかし、楽しい気持ちがいいといった右脳的なことではなく、「いつもよりも早くできる」といったコストや収益でなんらかの説明ができるということが非常に重要になってきます。ここで、技術面やスペック面でも他に対して優れているという優位な点を見せつけることがマーケティングの上でも重要になってきます。

　施策面でいうと To B では To C ではメインになる施策が異なります。さらに細かく各媒体や施策については、調べていただけたらと思いますが、それぞれメインとなるアプローチをここでは紹介します。

　まず、To B のマーケティングでは、前記のような意思決定を考えるために

ファクトが積み上がるまではホームページと営業でクライアントを集めてケースを作ってからマスを試していきます。新幹線や空港で IT 企業が看板の広告を出しているのもそのためです。後半では、CSR の施策や大規模なカンファレンスなどをして、継続的にエンゲージメントを上げていく施策をしていきます。

　共通していることは、どちらもいきなり大掛かりな施策をするのではなく、まずは最初に成果がわかるデジタル広告やエリア限定のテストを行って、その成果を最大化して PDCA を回していきます。結局、クリエーティブが最も大きな変数なので、それを見極めていく必要があります。これは第6章や第7章の導入や事業開発の際とも同じことになります。

　また、先述の通り、デジタルテクノロジーにはリテラシーの差がどうしても発生するのでターゲットにぴったりであるというだけでは、ユーザービリティの観点や環境からすぐに使ってもらえない傾向がありますので、それを織り込んでプロダクトを磨き込んでいくことを並行して実施していくことが極めて重要です。カスタマーサポートも、そのときにはこれまでのよくある問い合わせ事項が解決している必要があるわけです。

　ただし、ネットワーク効果があるので単純に2倍を入れると2倍にはならない点に注意が必要です。それを見極めていくことが重要になります。施策を評価する側としても、その施策の踏み込みするリソースの兼ね合いを見ていくことが重要です。

3. デジタルテクノロジーのマーケティング事例と考え方

　前項では、これまでの章と同様に基本的な流れを見てきました。ここで最後にデジタルテクノロジーに特化したマーケティングポイントを事例と共に見ていきましょう。

　本項以降で2項にわたり、国内のスタートアップシーンを代表する会社のマーケティングに関する考え方やインタビューを展開いたします。今回 To C ではエーテンラボ社の代表取締役 CEO 長坂剛氏、To B では Repro（リプロ）

社の取締役CMOの中澤伸也氏に協力をいただいてインタビューをしてきたので、その事例をまとめてケーススタディとしてそれぞれ紹介したいと思います。

これまでの8章内の前半の部分と実際の施策や観点のギャップを学習してもらえたら幸いです。これまでのマーケティングの流れでいう、どこの部分に注目しているのかに、特に主眼を置いてインタビューのまとめを見てください。

（1）インタビュー①：みんチャレ

To Cの例で三日坊主防止アプリというキーワードで注目されてきた「みんチャレ」を紹介します。最近では「行動変容と習慣化のためのサービス」というコンセプトへとあり方を改めています。5人1組で励ましあうことで、習慣を身に付けることができることがサービスの特徴です。行動変容のためのアプリケーションとして、同じ目的の仲間と励ましあって、高めあえる環境を作り出すことを目的としており、ユーザーの多くはヘルスケアの目的で使っています（図8-7）。

大きく成長中のみんチャレですが、毎日使って、毎日チャレンジ写真を送っているデイリーのアクティブユーザーは1万9,000人を超えています（2020年7月現在。成長過程のステージ）。

> マンスリーのアクティブユーザーで数えるともっと多いのですが、みんチャレでは習慣化できているデイリーのアクティブユーザーをKPIとして追っています。この方針はサービス設計段階から一貫しており、この背景には習慣のためのサービスなので、マンスリーが多くても、毎日使う人が多くないと長期的にはユーザーが減っていくだろうという考えがあります。そこで毎日使う、習慣的に起動することを大切にしようとなりました。（みんチャレ、長坂さん）

みんチャレではユーザーに愛してもらえるサービスにどうすればいいのかということを突き詰めています。最初はグロースハックについてそこまで意識せず、機能、ユーザーの体感スピード、心地よさ、心理的な安全性を工夫し、サービスの中を磨き込んでいきました。

図 8-7	みんなと続ける習慣化アプリ 「みんチャレ」

（出典：https://minchalle.com）

　みんチャレは基本的にコミュニケーションのアプリです。直接寄せられる
ユーザーからの感想や要望、アプリストアのレビューにも全部目を通して返信
して、なるべくどういう目的で、どういう感情を持っているのかを理解しよう
と努めていました。そしてユーザーの声に答える中で、みんチャレでは機能の
追加だけではなく、機能の削除も行っています。

　例えば、タイムライン。これは、Facebook とか LINE のタイムラインのよ
うな SNS 風な機能で、一緒にチャレンジした人が他にどんなチャレンジをし
たのかが流れてくるというものです。開発側の意図としては、新しい習慣を
ユーザー間で教えてもらいたいという思いがあって入れていました。

　しかし、タイムラインのようなユーザー間のしがらみを求めていないユー
ザーが実際には結構いたのです。例えば、ずっと追跡されるのは嫌だとか、知
らない人に見られるのは嫌だとか、プロコン半々という感じでした。

　みんチャレでは、サービス設計の最初の思想で、プロコン半々だったらやめ
るという判断基準を定めています。そして、ユーザーの声をもとに実際にタイ
ムライン機能を削除したという経緯です。

　また、リリース前にはランキング機能というものも考案していました。しかし、ユーザーのヒアリングで「ランキングはいらない」「競いたいわけではない」という声が特に女性ユーザーから挙がったため、ランキング機能は外した上でリリースを迎えました。

　機能を実際に使ってみたユーザーの意見から、どういうインサイトを自分たちが発見できるか、つまりユーザー理解に注力してやっていました。

　ユーザーの声を吸い上げるために、地道なユーザー追跡分析は欠かせません。ユーザーのチャットをずっと追って行って、ユーザーがみんチャレでどういう体験をして、サービスを愛してくれるユーザーに育ったというのを地道に追っています。ユーザーがどんな体験をするといい感情を持ってどんどんのめり込んでいくか、インサイトを発見して、それをどうやったらアプリの中でもっとみんなに感じてもらえるかということです。

　これは社内用語で「感動ポイント」と呼んでおり、みんチャレを「使っていてよかった」というのがどのタイミングで現れるのかということです。

　全ユーザーを1対1で追跡することはできませんが、おそらくニックネームが同じ人がいるからとレビューから追っていくこともあります。「この人は3日前くらいに、半年間連続達成をしている」というのを見て、このタイミングでやっていてよかったというのを感じてもらえているんだな、というようなものを見つけています。

　　　普通のユーザーは半年間続けてたとか気づきません。そこで、半年間続けていたことをサービスから教えてあげて、感動ポイントにすることで、ユーザーの感情を高めてもらおうとか、そういう内側に入り込むマーケティングをやっていましたね。(長坂さん)

　みんチャレでは、オーガニックダウンロードと広報、他サービスとの連携に注力してマーケティングを進めています。

　みんチャレは、あくまで習慣化のためのサービスなので、コンテンツは提供していません。それを逆手に取って、アプリの中でコンテンツを提供している会社とコラボさせていただくのです。

　例えば、フィットネスだと東急スポーツオアシスの「WEBGYM」というアプリとの連携です。「WEBGYM公式チャレンジ」というのをみんチャレの中につくって、「WEBGYM」を使うユーザー同士でみんチャレで励ましあってトレーニングを習慣化しましょう、というコンセプトです。

　ヘルスケアアプリだと、DoCoMoのdヘルスケアというアプリとの連携です。dヘルスケアから送られてくるミッションをクリアしたということをみんチャレの中で報告します。その他、askenとはサービス初期からコラボしています。あすけんの公式チャレンジがみんチャレの中にあって、あすけんユーザー同士で今日は何点だったとか、先生に褒められたということをみんチャレの中でやり取りするのです。

　このようなコラボをから次へ次へと仕掛けていき、サービスへの導線を作るということをやってきました。

　もちろん広告ゼロでいくというわけではありません。ただし、長期的な視点で考えるとユーザーが自動で増える仕組みを作ることを目指しています。その仕組みづくりの1つが前述の公式チャレンジでのコラボであり、別の仕組みとして考えているのが、ユーザー自身の感動体験の伝播です。

　みんチャレに感動してこのサービスを世に広めたいという人をどれだけつくれるかということに主眼を置いてマーケティングをやっています。最近では、アンバサダー的な形で紹介してもらえるような人も出てきていて、例えば、YouTubeだと勝間和代さんにはご自身のYouTubeや著書で紹介していただいています。このように、ユーザーの中から、自分の体験を自分の言葉で広げてくれる人をどれだけつくれるかということに主眼を置いて、地道に積み重ねているというところです。

　別の事例としては、漫画だと「ドラゴン桜2」の漫画で紹介していただいたこともあります。もともと編集者の方とか作者の方がみんチャレユーザーで、漫画家界隈で「今日も原稿書いた」とか、漫画家の卵たちが「今日も練習した」とか「ネームを書いた」とかやり取りするのに使われていたんです。実際に使う中で良いという体験から自分のところでも紹介しようということで、漫画で紹介していただいたという流れです。

　いわゆる口コミシステムでは、もっとあからさまに「レビュー付けろ」とか「一人誘うと何かあげるよ」みたいなモノが多い中で、そういう仕組みを実装しないでもっとオーガニックというか、自然と起こるようなところに主眼を置いているのがみんチャレの特徴です。

　みんチャレでもアプリ内でユーザーにレビューのお願いというのは出しています。ただ、何かをあげるとか、そういうモノでは出していません。

　　　自分がやりたくなると思っていただかないと、そんなには響かないでしょう。習慣を継続してもらうためのサービスで1年だけでなく3年、5年とずっと使ってもらえるサービスを考えているので、どうやってユーザーとの信頼関係を作っていくかということはブラさないようにしようと最初から思っていました。(長坂さん)

　みんチャレの初期は一人でマーケティングを担っていました。しかし、実情としては私一人というよりは全員で行っているというほうが正しいといえます。開発メンバーが全員CS対応もしているということです。

　例えば、バグがあればユーザーからの問い合わせを開発メンバーが直接受け取り、すぐに直します。また、ユーザーから機能の要望があれば、その機能をただ追加するのではなく、開発者の視点からみて「本当に求められているものは何か」という発想を得られるようにしています。社内で直接コミュニケーションして、ユーザーインサイトをみんなで得る、ということです。

　みんチャレでは2020年2月にクラウドファンディングにも参画、新たな形でファンの獲得することに挑戦しました。

　みんチャレではリリース後約2年間は課金なしの展開でした。この期間は継続性のあるサービスを作り込む時間として、どうやったらちゃんと続くとか、なんで90日後に止める人がいるのかとか、ずっと深く突き詰めるということをやっていました。

　しかし、ユーザーインタビューをやってみると、ユーザーから「どこにお金を払えばいいんでしょうか」「ちゃんとサービス続いてほしいので、お金を払いたいです」といったことを言ってもらえたのです。ユーザーの言葉のおかげ

で、みんチャレもお金を払ってもらえるサービスに成長してきたと実感できた面もあります。こうして、課金の機能を入れていきました。

みんチャレでは今後のサービス展望として、無料体験の後に課金してもらう形ではなく、最初から課金するユーザーの獲得を目指しています。そのために重視しているのは、ブランド力です。

> 長期の大きな目標として目指しているのはみんチャレをディズニーランドのようなサービスにするということです。ディズニーランドに行く人は最初から有料チケットを購入し、満足の行く体験をして帰ってきます。そしてその体験を自らみんなに伝えて、さらに行きたい人が増えています。
>
> つまり、みんチャレを使ったみんなが良いと言っているので、最初からお金を払ってみんチャレを使うようなブランドを目指しています。現状、みんチャレはスタートアップ界隈やヘルスケア関連の知る人ぞ知るというサービスの位置だと思います。現在のアーリーアダプターから広がっていくためにどうしたらいいかを考えています。まずはブランド認知として『まずは試してみてください』というところから、『良いからやってみよう』というところに次は成長させていきたいと思います。
>
> アプリ開発ではユーザーの期待値コントロールが難しいところです。ユーザーの事前期待値を上げた上で、それに見合ったサービス、期待をちょっと超えるようなサービスを目指したいです。（長坂さん）

（2） インタビュー②：Repro

To B では、アプリマーケティングツールの Repro を紹介したいと思います（図 8-8、図 8-9）。

Repro は「カスタマーエンゲージメントプラットフォーム」を名乗っています。もともとは「アプリマーケティングのためのツール」あるいは「アプリマーケティングのグロースハックのための支援」というような立ち位置にありました。その後、今年に入って「カスタマーエンゲージメントプラットフォーム」とリブランディングしています。

> 日本発のグローバルで闘えるマーケティングプラットフォームを作る、ということを目指しています。この海外でも通用するツールを作るという観点はリブラ

図8-8 ┊ CE（カスタマーエンゲージメント）プラットフォーム Repro（リプロ）

（出典：https://repro.io）

　ンディングを行うに至った1つの理由です。また、Repro では置客様との相互関係性をいかに深めるのかということに重きを置いています。ただし、それを本当に実現するツールは日本にはまだないということから発想を得て、日本にもエンゲージメントということを根付かせたいということで「カスタマーエンゲージメントプラットフォーム」を使うことになりました。（Repro、中澤さん）

　そもそも「カスタマーエンゲージメントプラットフォーム」とはどういうものなのでしょうか？ MA や CRM のツール、Web 接客ツールなどと混同されがちですが、海外では「エンゲージメントプラットフォーム」として一つの市場が成立しています。一般的な用語として、MA、マーケティングオートメーションや CRM のツールとは違うツールとして認識されているのです。しかし、日本では「エンゲージメントプラットフォーム」はまだ確立した市場となっていません。

　エンゲージメントプラットフォームを具体的な一言で表現すると「顧客デー

図 8-9 ｜ Repro のできること概要

（出典：https://repro.io）

タ」です。ただし、これは CRM 的なデータではなく、いわゆるユーザーデータをもとにお客様とのコミュニケーションをチャネル横断で One to One 化するツールという位置づけになります。ライフタイムバリュー（LTV）を最終的な KPI としており、LTV の構成要素である新規顧客の獲得からリテンション、コンバージョンレートの最適化、というところを一手に引き受けるツールです。

　元々、海外では「エンゲージメントプラットフォーム」はセールスフォースマーケティングクラウドやマルケトのような MA ツールや、CRM のツールと併用して使われることが一般的です。ツールの共存ということもできるでしょう。CRM や MA のツールが、主に「会員登録した後の長期的なコミュニケーションの活動」を作っていくことにフォーカスしている一方で、エンゲージメントプラットフォームは「会員登録する前や、会員登録後でも日々のコミュニ

ケーション活動」を支援するツールとなっています。

　MAツールとの最大の違いは2つあります。まず、1点目が、基幹システムに手を入れなくても、使えるということ。MAツールであれば、顧客DBやDMPといった基幹側のシステムと深くリンクしていることが前提となります。反対に、エンゲージメントプラットフォームは、基幹側のシステムと独立して動くものになっています。つまり、タグの挿入だけで動かせるということです。そのため、システム開発に依頼することなく、マーケターが手元で運用できることが大きな一つの特徴といえます。

　2点目は、基幹側のシステムとの連携とも関係しますが、会員データベースを持たなくても動くということです。これは大きなポイントで、このおかげでエンゲージメントプラットフォームでは「リアルタイム対応」が可能となります。リアルタイム対応というのは、ランディングしてきたカスタマーに、リアルタイムで何かしらの情報を出す。いわゆるWeb接客ツール的な立ち位置です。来訪したお客様が離脱してすぐにプッシュ通知を送るという「プッシュ通知のリアルタイム化」ともいうことができます。

　このようなリアルタイム対応をできるということがMAやCRMとの大きな差であり、Reproがまさに目指している部分です。世界的には標準になりつつあるエンゲージメントプラットフォームを日本において確立させようとしています。

　Reproではリリースから4年で7,300以上のサービス実績があります。この数値にはフリーミアムも含むため、全てが収益を生んでいるわけではありませんが、それでも圧倒的なものです。これだけ多くの企業から支持を集めている背景には、Reproのカスタマーサクセスがあります。

　実は、日本と海外では、企業のマーケティングのやり方や組織的な状況に大きな差があります。一般的に、欧米を中心とした海外というのは職種型組織です。一方で日本は職能型組織なので、職種という概念ありません。裏を返せば、日本にはプロのマーケターというのが非常に少ないということです。その結果、様々なCRMやMAのツールが展開されてきているにも関わらずそれを使いこなせる人がいないのです。

　つまり、日本にグローバルの様々なマーケティング支援ツールが展開されて
も、実質的にクライアントがそれを使いこなせていない。その結果、支援企業、
つまり広告代理店が非常に強い力を持つようになってきました。ただし、オウ
ンドの領域に関しては広告代理店があまり発達しなかったこともあり、せっか
くツールが導入されても、効果を発揮できずに本来の役目を果たせない状態に
あったのです。

　Reproがなぜ支持されているかというと、まさに日本の市場における特異
性を利用して、マーケターが実際に成果を上げるための総合支援をサービスの
一環として行っているということにあります。支援サービスという形でお金を
いただく場合もありますが、基本的にはツールとセットでこのソリューション
支援、いわゆるカスタマーサクセスというものを展開するというのがRepro
が他と一線を画す部分です。日本においてカスタマーサクセスをツールとセッ
トで展開している会社は多くありません。

　このカスタマーサクセスこそが、Repro成長の最大の要因であり、マーケ
ティング施策そのものであるともいえるわけです。カスタマーサクセスに重点
を置いたからこそ優れている会社なんですということをある意味、ブランドの
中心やこのツールのマーケティングプロモーションメッセージの中心に据えて
きたことが日本において受け入れられてきたということです。

　Reproではカスタマーサクセス部門が、様々なクライアントと一緒にコミュ
ニティを形成している「Pluto」という組織があります。この組織は会社に
とって重要な役割を果たしていて、1,400人規模のコミュニティです。Pluto
では、様々な勉強会や、情報共有が行われています。そして、面白いのが、
Plutoという組織自体の運営はクライアントの有志で運営されているというこ
とです。

　ツールの売りっぱなしというのが日本では多く、ツールを導入しても成果が
出せない企業がよく見られます。クライアントファーストを謳うのであれば、
お客さんと一緒に成果を上げるところまで自社がコミットメントしないといけ
ないという思いが、カスタマーサクセス重視につながっています。戦略的思想
に基づいて作られたものではなく、自然発生的に行き着いたということです。

　根底にあるプロダクトの考え方として「Repro というプラットフォーム自体はオープンプラットフォームのような形にしたい」と思っています。実は、海外、日本を問わず、マーケティング製品では客単価が上がるエンタープライズのほうに行きたがる傾向にあります。エンタープライズ化というのは、つまり、何でもできるツールになっていくということです。しかし、それではカスタマーの満足度は上がりません。

　全て1つのツールの中に内包する方向で開発をして、このツールさえ入れれば全部できるというのはクライアントファーストではないと思っています。Repro にはパートナーとのエコシステムを構築していくようなオープンなプラットフォームにしていきたいという考え方があります。様々なツールと連携することを前提とする、というツールにしていくということです。

　　　例えば、チャットのツールによってできること、できないことの差は大きく、クライアントの置かれている課題によって選択するべきチャットは全然違います。つまり、Repro がチャットを内包してしまうと、クライアントにとってベストなソリューションではなってしまうのです。そこで、Repro ではクライアントの状況に合わせて、コアな部分以外はいろいろ選べる、様々なツールと連携しやすい、という立ち位置にしたいと考えています。これもクライアントファーストから考えが来ています。（中澤さん）

（3）　インタビューも踏まえたマーケティング設計上の重要なポイント

　この2事例の共通のポイントが3つあります。

　1つ目は「一貫性があること」です。みんチャレは「三日坊主防止アプリ」としてユーザーのモチベーションを管理して習慣化を促進するために、Repro はカスタマーエンゲージメントプラットフォームという位置づけから、海外の事例を理解しながらも日本の顧客トレンドや業務実態を深くをつかんでマーケティングを成功させるために、どちらも施策の流れがそのコンセプトのためにきれいに設計されていることに気がつくと思います。みんチャレはかわいいキャラクターと感動ポイントを活かした KPI の設計、コラボレーションの事例の作り方が、Repro は自社のカスタマーサクセスの手厚さやプロダクトの方向

性の置き方が、それぞれコンセプトを達成させるためにそれぞれ設計されています。

2つ目は「PDCA の検証速度感」です。特にみんチャレのユーザーからのフィードバックを入れていくスピード感や Repro における自社のカスタマーサクセスにおける施策や体制作りは本当に素晴らしいものがあると思います。

そして、3つ目が「単なるバラマキやマス広告合戦にしない」ということです。刺すべきターゲットの課題を解決してそれがバイラルして価値を生む仕組みを作ることに非常に力を入れています。ユーザーコミュニティの話が出ていましたが、最近では、オウンドメディアで自社にて編集や発信ができるチャネル自体を持ってメディアを作ることや、長期的な理解醸成を狙って自社でカンファレンスをするなど、内製化してブランディングと自社内に競争力を作っていく動きも活発になっています。

ソフトバンク・Yahoo! グループの有名な決済サービス「PayPay」はとにかく価格になる手数料を店舗及びユーザーに還元して、インセンティブのプロモーション戦略とその認知度を刷り込む形で勝負しています。UX が便利であることと、チャネルの網羅性の高さに自信があり、こういったリーダー戦略が取れるのはソフトバンクグループの資本力があるからです。

ちなみにこのマーケティングを考える中で、競合との施策の被りは気にすることはありません。デジタルテクノロジーによくあることですが、相乗りする、または宣伝時期が被ってしまうということもあります。例えばある TVCM が出たときに、同じジャンルの製品の競合の CM も商戦期なども近く出てしまうといったことです。デジタルテクノロジーのユースケースが起きる時期が近くなるので、大きく宣伝しようとすると宣伝したい施策のタイミングが被ってしまい、こういったことがよく起こります。もちろん広告を出した会社が基本的には一番認知も理解も一般的には上がりますが、アウトカムになるメリットが各社同じなので認知がどちらも上がったりするわけです。ですので、相手のマーケティングを気にせずにどんどん展開していきましょう。どういった施策が重要か、自分たちの資本やできる範囲で考えていけばいいわけです。

　今回のインタビューの2例は非常にうまくいっている事例ですが、マーケティング施策を評価・分析していく上でのチェック方法としては、メッセージと技術内容のこれまでの評価手法を組み合わせて判断していくといいと思います。

　例えば、第3章や第4章での評価を実施した内容に対して、マーケティングで出しているメッセージが過度になりすぎている、あるいはすごい部分が別でたくさんあるにも関わらず、過小な訴求しかできていない場合は、マーケティング機能に問題がある可能性があります。技術の訴求ばかりを行ってしまっていて、メリットや導入価値などエンドユーザーに理解や興味関心を引くようなマーケティング訴求の仕方になっていない場合なども同じです。

　他にも第5章でリスクや規制が引っ掛かりそうなグレーゾーンのサービスにも関わらず、それを全くエンドユーザーにマーケティングの過程で説明できていないならば、いつか炎上するリスクがあります。

　逆にいえば、これまで皆さんとは各テクノロジーとしてのプロダクトの価値や事業を作っていく過程を一緒に見てきたので、ここのチェックで抜け目がないということは、一方でマーケティングはうまいけど、テクノロジーとしてはどうだろうか、というふうに油断をしないで内容の分析ができるわけです。

コラム　大衆化や汎用化とのバランス

　最後のコラムです。デジタルテクノロジーは、他の技術と同様に再現性があります。本書でも何度か触れていますが、特許でも20年で切れてしまったり、類似したものが許可されてしまえば、その技術が基本的にはどんどん標準化されてテクノロジーだけでは勝てなくなります。最後は価格競争になってしまうものがほとんどです。特にデジタルテクノロジーにおいてはソースコードですべてが表せるため、個性や作風を出したりすることが難しくなります。

　細かいルーツは諸説ありますが、元々テクノロジーという言葉自体が、基本的に17世紀のギリシャでテクネー（＝技巧）や織物の技を表すテクノロジアから来ているもので、そもそも知識・知恵を人が汎用性持って実用化するという性質があるからにほかなりません。

　アウトカムとして提供する価値なども同じものが多くなり、最後はそれでは

戦いにならないことが多いわけです。本書の中でも、技術的な話ではなく、評価するときにもプレイヤーの整理や規制といった政治的な要因や、導入や事業化投資などビジネスとして活用できる部分を強調させていただいた理由でもあります。

　最後にはデジタルテクノロジーもそこに宿る思想やストーリーが作るブランディングやマーケティング、UX の戦いになるのではないかと確信しています。そもそもその技術そのものがなければそのサービスや事業は成り立たない一方で、本書をここまで読んでいただいている皆さんには、そのビジネスポテンシャルを含む性質の評価や活用観点は、テクノロジー以外の要因が圧倒的に大きくなるということが理解いだだけたのではないかと思っています。

　もしかしたら、プログラミング言語ではない何かでデジタルテクノロジーが実装される時代が来たり、次のパラダイムで曖昧さや体験価値のようなものがデジタルによってあらわされる世界が来て、そういう前提もどこかでなくなるのではないか。そういうことも同時に考えています。

第**9**章
ま　と　め

　本章では、ここまでの内容を短くサマライズしてまとめていきます。

　デジタルテクノロジーをITおよびICTを使った技術領域名称と個別のサービス名称どちらの意味でも使っていき、その評価・分析・活用方法を全8章にわたり見ていきました。全体の流れとしては、第1章で背景、第2章や第3章で個別の評価・分析観点を、第4章と第5章でその他外的要因の分析方法を、第6章が自社での導入を考えていく場合、第7章が新規事業を考えていく場合、第8章はそれらをマーケティングしていく場合を想定したケースにしていきました。

　これらの方法自体を復習していくためいくつかの本当におさえないといけない部分のみサマライズしてこれまで学んだ部分を包含して学習していくため、これまでの章での各内容を複合的にまとめた図も用いながら順を追って確認していきます。

　本書の全体像をおさえる意味合いと、もし見ただけで内容が入ってこない等、理解が不十分なところやわからないことがあれば、ぜひまた当該のページに戻って確認をしてみてください。

　まず、第1章ではデジタルテクノロジーがそもそもどうして大事になるのか、そもそもどういう構造でできているのかを確認していきました（図9-1）。

図 9-1 ┊ デジタルテクノロジーの注目されるべき理由

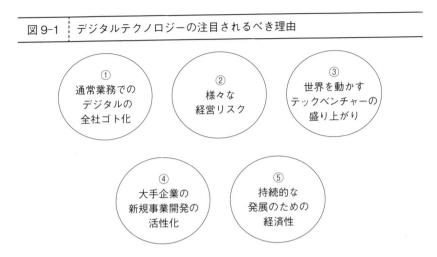

メタ化していくことの重要性とそもそものデジタルの意味、本書のコアになる空間の概念をここでは確認していきました（図9-2）。

図 9-2 ┊ デジタルとは何か

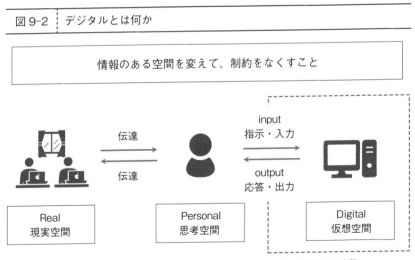

　次に、第2章として、それに基づいて、新しいテクノロジーを判断していくまでの流れについて理解していきました。ここではデジタルテクノロジーを評価していく構造マップのフレームに当てはめます。これにより全体を見ていきます（図9-3）。

図9-3 ┊【再掲】デジタルテクノロジーの構造マップ

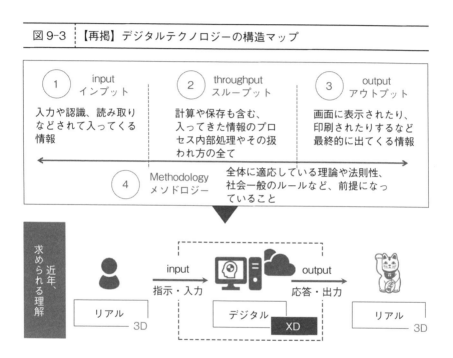

　これらは各サービス個別を見ることもできますし、インプット、スループット、アウトプット、メソドロジーのように全体に適用される法則やルール、どこに引っ掛かる項目かを見極めることで各々の技術領域の価値を見る上でも活用できることを紹介しました（図9-4）。

図 9-4 ｜ 各技術領域での特徴

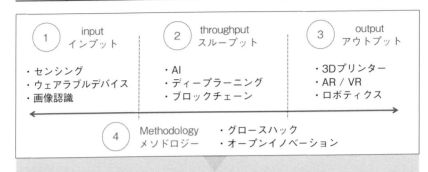

個々のテクノロジーの「位置付け・本質」を理解し、
ビジネスへの応用可能性を追求する姿勢が求められます

ベーステクノロジーを各業界へ横展開しているのが、
今の＊＊Tech

　活用するメリットでのポイントを経済性・情報収容性・偶発性・迅速性・独
自体験性・心理的価値性を挙げながら、どうやってそのデジタルテクノロジー
が儲けるのかを見ていきました。これにより、なぜこのサービスはデジタル化
されていて、どうやって儲けていくのかを確認していきました（図9-5）。
　続いて、第3章でコンシューマーやエンドユーザー向けの視点で、UXと階
層性を確認します。UXの全体像を図9-6に示します。

図 9-5 ┊ 収益構造のまとめ

取引形態	収入源の取り先	購入様式	自社以外の払い先
B to B	ハード収入	都度購入（スポット）	技術／知財の提供元
	ソフトウェア収入		
B to C	コンテンツ収入	継続購入（サブスクリプション）	プラットフォーム参加者
	広告収入		
	開発カスタマイズ収入		
B to B to C	サービス収入		開発会社
	コンサルティング収入		
C to C	ライセンス収入		
	手数料収入		
	データ収入		
	OEM／ソースコード収入		

図 9-6 ┊ 【再掲】UI/UX の全体像

UI/UXそれぞれで、整理する大まかな要素は決まっている
UXを考えてからUIを設計していく

UX UI

 提供サービスアイデア
5W1H+1言

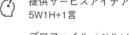 プロファイル／ペルソナ
どんなユーザーが
そのサービスを使うか

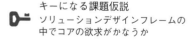 キーになる課題仮説
ソリューションデザインフレームの
中でコアの欲求がかなうか

カスタマージャーニー
どういう流れでサービスを使って
いくのか

インターフェース
アイデアとプロファイルを体現する
デザインになっているか

フロー／コンタクトポイント
ジャーニーに合った体験が設計
されているか

*本書のデジタルテクノロジーの場合。

その各 UI/UX を理解するために上記各要素をまとめつつ、技術的な会話の時にはその体験がどこに適用されているのか、OS 層なのか、Web コンテンツなのか、アプリケーションなのかなど階層性を見て、どこにどのような特徴とリスクがあるかを判断します。

デジタルテクノロジーでも、他のコンシューマーサービスなどと同様に、ユーザーを理解して、ブランドを作っていく上での強いメッセージと一貫性、強力な体験が重要なことも確認しました。

さらに、第4章ではステークホルダーを分析していきました。マーケットサイズを計算して他の市場との参考値と同じように話せることの大切さや、カオスマップの見方、競合他社を自社とその評価分析対象のデジタルテクノロジー両方で分析することを学習しました（図9-7）。

図9-7	ユーザーと自社以外に分析すべきステークホルダー

市場全体	競合分析	5Cに沿ったその他の分析
・どの程度の参考になる金額規模があり、どんなマーケットと近い規模感か	・自社の競合は、このデジタルテクノロジーに対してどうアプローチしているのか	・管理者のような下の階層でマーケットを動かすプレイヤーはいるか
・カオスマップの中では、どういう市場になっていて今見ている デジタルテクノロジーはどういう位置づけになりそうか	・そのデジタルテクノロジーの競合はどこで、どういうポジションやどういう機能差で戦っているのか	・協力してくれるプレイヤーやプラットフォームを組み立てたときに一緒に参入してくれる会社はあるか

　第5章では、リスク事項を見ていきました。セキュリティの基本3要素である機密性・完全性・可用性を見て、それぞれを人的、物理的なミスやデジタル内のソースコードの確認を両面で見ていくことを学習しました。

　さらに、押さえないといけない各技術が持つ独自制約や規制・法律がそれぞれのテクノロジーであることを学びました。評価分析対象のテクノロジーに対して、個々にどういう関連規制や業界ルールがあるのかを主体的に調べていくことの重要性を学習してもらいました（図9-8）。

図9-8 ┊ デジタルテクノロジーのリスク評価

　第6章では会社に導入していくときを想定して、マインドセットを確認していきました。その上で、自社の課題を解決していくためのトークフローに最終的にはまとめていきました（図9-9）。

図9-9 | 導入の上でのマインドセットと確認事項

●マインドセット

①自分が知るべき範囲を知ろう！

②開発者をリスペクトしよう！

③堂々と素人を自負して質問をしよう！

④技術には寿命があるから注意しよう！

⑤バズワードはその意味と定義を明確にしよう！

●確認事項：課題整理をしてから以下を行い、社内上申に向けてまとめていく

❶
備品と同じ質問

❷
事業面の質問

❸
開発面の質問

　このように順を追って、サービスを導入したい動機を社内にもインタビューをしながら起こさせながら、これまでの前の章のチェック項目も加味して、導入としない理由を同時にどうつぶしていくかがポイントになります。上申が通って入れた後の運用では人員体制とドキュメントの整備が重要になること、小さく検証していくことが重要であることを確認しました。

　第7章では事業にしていくときの流れを見ていきました。事業の流れと定義を確認していきます。新規事業には立ち上げる段階から運用PDCAまで以下のような流れがあります（図9-10）。

図9-10 ┆ 新規事業を作る流れ

*新規事業の6つの区分によって、後半部分の実行をしていく計画やアプローチ方法が変わってくる。

　そして新規事業には、既存顧客と新規顧客のどちらを狙うのか、どの市場を見ていくのかをマトリクスにして6つの型とそれに応じたアプローチとして最適な方法がありました。これに沿って事業開発をしていくことで失敗確率を格段に下げることができます。デジタルテクノロジーにおいての有用性もまとめていきました（図9-11）。

図9-11 ┆ 6つの区分とデジタルテクノロジーの活用方法

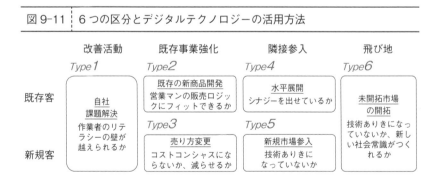

　そしてデジタルテクノロジーにおける固有の問題として気にしないといけないファクターとしてデータへの過信をしないようにする扱い方やマネタイズしていく流れを確認しました。スピード・フラット・コミットというマインドセットを持つことの大切さと、ユニットエコノミクスやオープンイノベーショ

ン活用についても触れました。

　最後の第9章は、そういった技術や取り組みを普及させるためのマーケティングについて実施する場合の戦略を紹介しました。全体に使う環境分析からマーケティングミックスの一連の流れでの検証や設計のポイントをフレームワークで下記のようにセットしていきます（図9-12）。

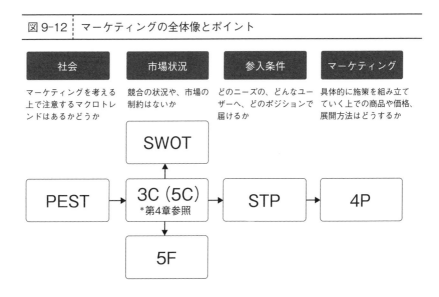

図 9-12　マーケティングの全体像とポイント

社会	市場状況	参入条件	マーケティング
マーケティングを考える上で注意するマクロトレンドはあるかどうか	競合の状況や、市場の制約はないか	どのニーズの、どんなユーザーへ、どのポジションで届けるか	具体的に施策を組み立てていく上での商品や価格、展開方法はどうするか

PEST → 3C（5C）*第4章参照 → STP → 4P

SWOT

5F

　そして特に To B では左脳的な稟議が通過できるような課題解決のロジックを To C ではクリエーティブも活かしたコミュニケーションを心がけることを強調していきました。全てに共通することはデジタルテクノロジー特有の心理障壁の高さを段階的に複数の施策をたくさん回して、製品の改善も含めた PDCA サイクルの中でクリアしていくことがポイントになることを、みんチャレと Repro の事例とともに紹介しました。

　本書は、あくまでエッセンスブックとして全体像がわかるものになっていますが、デジタルテクノロジーのための人事組織論や教育論、広報観点など掲載されていない項目も実は多々あります。今後特に実務で、デジタルテクノロ

ジーのベンチャースタートアップへ投資をしたり、オープンイノベーション
で提携をしたり、調達を複数回行っていかないといけない方は、このフレーム
ワークやチェック項目は、どんどん回数を重ねて洗練していくことをお勧めし
ます。

　今回紹介したフレームワークは、ほぼ全てが現在のデジタルテクノロジーと
同様に、情報科学の技術発展がプログラミングで構成される限りは汎用性があ
る内容になっていると自負しています。皆さんの知識でデジタルテクノロジー
を乗りこなして、ビジネスパーソンとしてもご活躍されることを楽しみにして
います。

あとがき
― 令和におけるテクノロジーの在り方 ―

　いかがでしたでしょうか。最後までお付き合いいただきありがとうございました。皆さんのお仕事や事業活動と生活へ少しでも活かしてもらえたら幸いです。

　本書の執筆企画が決まったのは、平成31年の中頃で、そこで執筆中にすぐに元号が「令和」に変わりました。令和においてデジタルテクノロジーはどうなっていくのでしょうか。時代の変わり目ですので、少し私見を述べてみたいと思います。

　私の考えている1つの答えは、本書で述べた各アナログとデジタルの「空間」の境界がさらに曖昧になっていくことです。例えば、この後の3～5年でもVRで没入している中で会議をしたり、O2O（オンライントゥーオフライン、オンラインであるアプリやECなどのデジタルサービスと実際の現場である店舗を結び付けること）がさらに発展して、OMOとして、ほしいと考えていたことがブレインマシンインターフェースや一緒にドライブしている友人の雑談を音声認識でつなげて、そのセンサーを持ったヘルメットを介してバイクでドライブ中に近くの店舗のドライブスルーで受け取れたりするでしょう。AIが部下にいて、終日あなたの仕事のmailから次の仕事でできそうなことをピックアップして処理しているかもしれません。

　その前提になるデバイスのOS性能や5Gやインターネットの回線の電波環境、法整備もどんどん進んでいきます。大容量通信の民主化、データにおける主権の整理、グローバルでの円滑な活用、そしてその理解を広げる基礎教育の充実。その流れが世界的に拡がっていくと考えています。

　時間の壁も今後ますますなくなっていき、人々の時間の使い方も全然違うものになると思います。例えば、渋谷で買い物をしたい人の位置情報を分析し、タイムリーにアパレルの情報を届けようというマーケティングサービスを検討しているとして、少なくとも本書執筆時点の技術では、位置情報は何十メー

トルの単位でズレていたり、最後の処理をしていくまでにはサーバー処理が約
15分もかかったりと、今まではなかなかやりたいことが実現できていません
でした。これが量子コンピューター×5Gの組み合わせでは、本当にオンタイ
ムで出力できるようになると考えられます。

　つまり、リアルとデジタル、ハードとソフト、そして時間の使い方でも、ど
こまでがデジタルなのか、「身体性」という言葉で語られることもありますが、
認識する必要がなくなってくるくらい溶け込んでいったり、本書で扱ったデジ
タル空間やアナログ空間の行き来が加速してわからないくらいになっていくの
ではないかと考えているのです。

　今回紹介したフレームワークでいう、インプット⇒スループット⇒アウト
プットまでの速度向上と、そのデータの入出力の自動化、そのアウトプットが
リアルの生活に実感値でわかるサービスにまでくっついてくるアウトプットの
多様化が同時に起こっていくはずです。

　そして経済界・財界とデジタルテクノロジーの密接さも、今よりもさらに増
すことがより一般的になっていくはずです。

　つまり、この私も本書のアンチテーゼなのですが、「デジタルテクノロジー」
の「デジタル」を認識できないくらい織り交ざった情報環境、事業環境が構築
されていくと考えているわけです。

　私は、まえがきにも書きましたが、面白い技術やメソッドが社会に貢献して
いくことに自分の職業人生を全部かけて生きています。元号「令和」の意味で
ある、世界の、時代の「調和」がデジタルテクノロジーの分野にも起こること
を楽しみにしていますし、その時代をつくっていく一助としてさらに自身も精
進していく決意をもって、本書を締めさせていただきます。

用語集

以降、本文中に出てくるデジタルテクノロジーに関する用語を私見も交えて解説しています。2020年段階の解釈になります。

正式な定義の紹介の場合はその出展を記載していますが、断りがない場合は、筆者個人の解説や定義を入れています。より詳しく調べたい場合は各種辞典や専門書をご確認ください。

AI：エーアイと読む。「artificial intelligence（＝人工知能）」の略称。いくつかの定義が存在するが、公式な定義はない。人間にしかできなかったような高度に知的な作業や判断を、コンピュータを中心とする人工的なシステムにより行えるようにしたもの（IT用語辞典）。1950年代に推論や探索を行う情報処理からブームが断続的に起こっているが、2000年代後半以降に人工知能とされるものは、大量のデータから規則性やメソドロジーなどを学習し、与えられた課題に対して推論や回答、情報の合成などを行う機械学習（ML：Machine Learning）を基礎とするものが主流となっている。

Aidemy：アイデミーと読む。はじめやすく・つづけやすいAIプログラミングオンライン学習サービス名。会社名は株式会社アイデミー。これからの時代に不可欠なAIを正しく理解・活用するための力を身に付けることができる。オンライン学習サービスがメインだが、オリジナルの研修プログラムや事業開発サービスも行っている。初級講座以外はプログラミングの基礎知識を学ぶものが多い。
【Aidemyのウェブサイト：https://aidemy.net】

AirBnB：エアビーアンドビーと読む。2008年に設立された民泊仲介大手オンラインプラットフォーム。部屋を貸すホストと部屋を借りるゲストが主に利用し、Airbnbがホストとゲストのつなぎ役になっている。日本法人も2015年に法人登録があり国内事業展開を行っている。
【AirBnBのウェブサイト：https://www.airbnb.jp/】

API：アプリケーションプログラミングインタフェースと読む。「Application Programming Interface」の略称。ソフトウェアから特定の機能を利用するための仕様、またはインターフェースのこと。ソフトウェア同士をつなぐ。例えば、会社のホームページに住所が書かれたGoogleMapの地図が乗っている場合、会社のホームページへ、GoogleMapのAPIを使ってデータを呼び出している。Facebookアカウントでのログインなど認証系にも使われる。サービス間が連携して戦略の幅が広がるので、どれくらいの機能をAPIとして公開すればいいかどのくらい使いやすくて便利なAPIの利用環境が作れるかは、経営者や開発チームの力量とセンスが試される。

ASP：アプリケーションサービスプロバイダと読む。「Application Service Provider」の略称。インターネットを通じて、アプリケーションを顧客に提供する事業者のこと。このASPが出るまでは毎回パソコンにそのアプリケーションのプログラムを落として実行しないと使えなかったが、インターネットのオンライン上でそういったアプリケーションを使えるようになった。WebサービスのメールマガジンやECのカート機能を提供しているサービスが有名。

BASE Q：ベースキューと読む。三井不動産、電通、EY Japanが運営するイノベーションや新たなムーブメント創出の基点となる交流を目的としたビジネス創造拠点。会員企業向けに、伴走コンサルティング、研修Qスクール、ラウンジおよびイベントの利用権を付与するイノベーション・ビルディングプログラムを提供している。筆者も2021年3月現在、電通側の事業責任者をしている。
【BASE Qのウェブサイト：https://www.baseq.jp】

BIツール：ビーアイツールと読む。BIは「Business Intelligence」の略称。組織の情報システムで蓄積される業務データを基本的に分野や種類を問わず、利用者が自らの必要に応じて分析・加工・可視化をして、業務や経営の意思決定に活用する手法またはそのた

めのソフトウェアや情報システム。日本では
Tableau（タブロー）や DOMO（ドーモ）、
Yellowfin（イエローフィン）などが有名。
教育やマーケティング、顧客管理や経営管理
などデータの可視化を統合的にするだけでも
いろいろ応用できる。筆者も以前、電通で企
業のマーケティンデータを可視化したシステ
ムツールとレポーティングをサービス担当者
として提供する事業開発を担当していた。
【Tableau（タブロー）のウェブサイト：
https://www.tableau.com/ja-jp】
【DOMO（ドーモ）のウェブサイト：
https://www.domo.com/jp】
【Yellowfin（イエローフィン）のウェブサイ
ト：https://yellowfin.co.jp】

B to B：ビートゥービーと読む。「Business
to Business」の略称。企業間取引と直訳でき、
Business ＝企業の両社間での商取引を略し
ている。「B2B」とも書かれることがある。
なお、B to B サービスを提供する Web サイ
トを、e マーケットプレイス（電子取引市場）
と呼ぶ。B to C（企業と個人の一般消費者の
取引）と B to B は意思決定やセールス、マー
ケティング手法などのアプローチが大きく異
なる点を押さえることが重要。

B to B to C：ビートゥービートゥーシーと読
む。「Business to Business to Consumer」の
略。プラットフォーマーなど、企業が個人の
一般消費者の B to C 取引を支援する枠組み
や手伝いを通して儲ける取引の方法。同じく
B2B2C とも書く。

B to C：ビートゥーシーと読む。「Business
to Consumer」の略称。企業と個人の一般消
費者の間での商取引。Business to Consumer
を略して、「B to C」や「B2C」などと呼ば
れる。デジタルでは Amazon などのオンラ
インショッピングなどがこれに当たる。

CAC（獲得コスト）：シーエーシーと読む。
「Customer Acquisition Cost（＝顧客獲得単
価）」の略称。顧客 1 人獲得に要した営業・
マーケティングのトータルコスト。マーケティ
ングでは特にこれをシビアに計測することで、
コスト効率を図っていく KPI にしていく。そ
の獲得とみなす成果点は内容によるが、アプ
リケーションならインストール、月額サービ
スなら有料会員登録などがポイントになる。

CAD データ：キャドデータと読む。CAD は
「Computer Aided Design（＝コンピュータ
支援設計）」の略称。家具・建築・家電製品・
自動車などの図面や作図データの最もオフィ
シャルな形式の 1 つ。国土交通省の建築工事
の設計図作成基準にも使われている。設計図
面だけではなく、測量や物や建造物の内部情
報なども表すことができる。各特定の分野で
しか使えない専用 CAD と汎用 CAD の 2 種
類のソフトウェアがある。後者には 2 次元の
データと 3 次元のデータがある。

Cobol：コボルと読む。名前は「Common Bu-
siness Oriented Language」の略称。1960 年
代初期から使われている言語で非常に歴史が
ある。会計処理や事務処理に適したプログラ
ミング言語の 1 つ。長年使われている企業の
会計システムなどで今でも広く利用されてい
る。コードが同じ内容でも後発のプログラミ
ング言語に比べて長くなりやすいが、本来数
式で書くことが一般的なものも英文にそって
書くと処理できるような可読性が高いメソド
ロジーもある。人気は減っているが、先述の
通り基幹系のシステムに長く使われており、
歴史があることで規格が統一されているの
で、減ってはいるものの未だに残っている。

CSS：シーエスエスと読む。「Cascading
Style Sheets」の略称。HTML や XML の
要素や構成へレイアウトやデザインを記述
するための言語。Web ページの特定の部分
に装飾を入れることができる。HTML ファイ
ルの外部から読み込んで適用することも
HTML ファイルのデータ中に埋め込んで記
述することもできる。

C to C：シートゥーシーと読む。「Customer to
Customer」の略称。一般の個人消費者間で
の商取引を指し、「C2C」とも呼ばれる。代
表的な C to C の例としては、ヤフオクなど
のオークションサイトでの取引が挙げられ
る。本書でも何回か登場しているがメルカリ
や本用語集の冒頭頁に出てきた AirBnB など
も有名。個人間の取引なので、いきなり知ら
ない個人で取引することへの心理的なハード
ルを間に入れることでクリアできるため、ト
ラブルを起こさないように運用するための
プラットフォーマーの介在価値がわかりやすい
一方で、スタイルや倫理観が試される。
【メルカリのウェブサイト：https://www.

mercari.com/jp/】

DX：ディーエックスと読む。「Digital Transformation（＝デジタルトランスフォーメーション）」の略称。業務や仕事のデジタル化であったり、進化したデジタル技術を浸透させることで企業の事業活動や人々の生活をより良いものへと変革することを指す。本書の第6章のようなシステムの導入もDXだが、最近は事業そのものをデジタル化したり、企業間でオープンイノベーション的なエコシステムを持った上で変革していくような動きもあり、言葉は使われ始めて長いが、徐々に進化して少しづつ様相が変わっている。

ENTX：エンタエックスと読む。音楽を中心とした総合エンタテインメント・カンパニーであるソニーミュージックグループが行うアクセラレーションプログラム。筆者もこのメンターを第1期、第2期で、ともにさせていただいている。ソニー・ミュージックの音楽やエンタテインメントで培った資産でベンチャーがグロースしていく様子が見ることができ、資本業務提携や協業がこれを通して多数生まれていることを確認している。
【ENTXのウェブサイト：https://entx.jp/2019/】

FFFTP：エフエフエフティーピーと読む。作ったHTMLファイルなどを転送して公開するツールで、日本製のWindows用FTPクライアントツールの最も有名なものの1つ。1997年に開発されているツールで、GUI操作やマルチバイト文字対応などの機能を持ち、使いやすいことが特徴。2011年にこれを開発した曽田氏の開発は終了しているが、その後オープンソースプロジェクトとして更新がされていて、最新版が2019年11月現在でも出ている。サーバーのホスト側とPC内などローカルディスク側を簡単に行き来でき、筆者も最初のホームページを公開する作業をこれで行ったことを覚えている。
【FFFTPのウェブサイト：https://ja.osdn.net/projects/ffftp/】

GAFA：ガッファ、ガーファと読む。「グーグル（Google）、アップル（Apple）、フェースブック（Facebook）、アマゾン（Amazon）」の略称。世界を動かす巨大IT企業で膨大な

個人情報と消費や生活者のメッセージにおいて特に影響力がある。これにマイクロソフトを入れてGAMFAと呼ぶこともある。個人情報の取り扱いや独占禁止法への抵触可能性などの問題で、国家レベルで警戒している。中国などのように国内でそれらのサービスへのアクセスを制限して使えなくしている国もある。デジタルテクノロジー観点においても、FacebookがVRに力を入れたり、GoogleやAppleがモビリティを始めたり、Amazonがデジタル広告のプラットフォーマーになったりビデオコンテンツ配信を開始するなど、他のテクノロジーにもどんどん進出していく動きがダイナミズムもあって面白い。

GDPR：ジーディーピーアールと読む。「General Data Protection Regulation（＝一般データ保護規則）」の略称。EU（欧州連合）が導入する、個人情報・個人データの扱いに関する規則。主にヨーロッパの個人情報処理と移転について広範かつ厳格な規定が設けられる。日本でもこれをベンチマークにして、個人情報保護法の改正が昨今急速に行われている。

GO：ゴーと読む。2009年にGoogleにより発表されたオープンソースのプログラミング言語。UNIXとC言語の開発者Ken Thompson、UTF-8の開発者Rob Pike、memcachedの開発者Brad FitzpatrickといったいわゆるレジェンドITエンジニアによって開発されている。C言語のメソドロジーを踏襲して意識されて作られており、簡潔な表現とOSを選ばないWebアプリケーションが作れるのがポイント。これは筆者の所感だが、上記の開発経緯からも日本よりも海外で人気がある気がする。

Google Analytics：グーグルアナリティクスと読む。世界で最も使われているWebサイトのアクセス状況がわかるGoogle提供のアクセス解析ツール。無料版と360（サンロクマル）という有料版がある。無料版でもかなり使いやすく、基礎的なデータ分析はこれでも充分。Google Analyticsの個人認定資格がある。
【GoogleAnalyticsのウェブサイト：https://marketingplatform.google.com/intl/ja/about/analytics/】

HTML：エイチティーエムエルと読む。「HyperText Markup Language」の略称。Webページを記述するためのマークアップ言語。ホームページの基になる文書の論理構造や表示の仕方などを記述することができる。W3Cによって標準化が行われており、大半のWebブラウザは標準でHTML文書の解釈・表示が行えるが、HTML5など最新のものは古いWebブラウザでは表示できないものもある。設定からソースコードを見ることができ、このHTMLを書く人をコーダーと呼ぶ。

ICO：アイシーオーと読む。「Initial Coin Offering（＝新規仮想通貨公開）」の略称。企業が仮想通貨を発行し、それを認証してもらい、購入できる仕組みに公開して流通してもらうことで資金調達を行う方法。海外では有名な事例も出始めているが、セキュリティと与信の両方に課題がある。日本ではコインチェックという仮想通貨取引所で流出事件が起きてから、ICOについて明確に禁止が出たわけではないものの、かなり下火になっているが、今後業界団体の提言により緩和してくる可能性がある。

ICT：アイシーティーと読む。「Information & Communication Technology」の略称。ITと意味が被っている部分も大きいが、PCだけでなくスマートフォンやスマートスピーカーなど、さまざまな形状のコンピュータを使った情報処理や通信技術を活用したコミュニケーションのための技術の総称。

IoT：アイオーティーと読む。「Internet of Things（＝モノのインターネット）」の略称。コンピュータなどの情報・通信機器だけでなく、世の中に存在する様々な物体（モノ）に通信機能を持たせ、インターネットに接続したり相互に通信したりすることにより、自動認識や自動制御、遠隔計測などを行うこと（IT用語辞典　参照）。家電やセンサー、衣服などにもそういった機能をつける流れがある。この通信を集める環境作りや通信のハブになるゲートウェイの設計、まさに本書で紹介をしたユースケースの見極めが極めて重要。最近はこの概念がインターネットだけではなくAIなどの高度な処理機能を持つことも含めて、「Intelligence of Things（＝モノのインテリ化・高度化）」とも呼ばれている。

IPビジネス：アイピービジネスと読む。「Intellectual Property」の略称。知的財産を活用したビジネス。アニメや漫画、ゲームなどエンタテインメントコンテンツで用いられることが多い用語。知的財産権をもつ人物や企業が作品やその関連するグッズを作るなどしてそれ自体を販売して収益を得るだけでなく、自身の知的財産そのものを販売または貸与することによってさらに収益を得ようとすることまで含めたビジネスモデル。例えば電通は世界的な有名ゲームであるテトリスのゲーム化権を持っている。
【テトリスのウェブサイト：https://tetris.com】

ISO：アイエスオーと読む。「International Organization for Standardization（＝国際標準化機構）」の略称。1947年に設立された、国際的な工業規格を策定する団体。ネジのような部品から、ジュエリー、ナノテクノロジーなど、幅広い分野での標準化作業を行っている。

Java：ジャバと読む。様々な分野で人気の高いオブジェクト指向プログラミング言語の1つ。旧サン・マイクロシステムズ（Sun Microsystems）社が開発したもので、同社を買収した米オラクル（Oracle）社が開発を引き継いでいる。

Javascript：ジャバスクリプトと読む。主にWebページに組み込まれたプログラムをWebブラウザ上で実行するために用いられるプログラミング言語の1つ。いわゆるスクリプト言語あるいは軽量言語（LL：Lightweight Language）の1つで、実行環境をWebブラウザに組み込んで利用されることが多い。

KSF：ケーエスエフと読む。KFS ケーエフエスともいう。「Key Factor for Success（＝重要成功要因）」の略称。成功要因。目標達成のために決定的に重要となる要因のこと。また、目標達成のために最も力を入れて取り組むべき活動や課題のこと。

LINE Business Connect：ラインビジネスコネクトと読む。LINEのAPIを開放して有償で提供しており、LINEユーザーに情報を提供・連携できるサービス。LINEログイン

やキャンペーンなどでの既存の各社の外部Webサービスや会員データと組み合わせた活用はもちろんLINEから家電を操作できたりする。
【LINE Business Connectのウェブサイト：https://partners.line.me/ja/】

LTV：エルティーブイと読む。「Life Time Value（＝顧客生涯価値）」の略称。顧客がサービスに加入してから抜けるまでの一定期間内にその企業の商品やサービスを購入した金額の合計のこと。サブスクリプションサービスや顧客へのサービス提供スパンが長いものではよく使われている。概念はわかりやすいが、この上記の一定期間の定義が難しく、計算は結構大変でセンスが必要である。

MAツール：エムエーツールと読む。MA「Marketing Automation」の略称。マーケティングオートメーションツールともいう。マーケティングの各プロセスにおけるメールマガジンやポップアップ、PUSH通知やランディングページの出し分けなどアクションを最適な形で自動化・仕組化すること、また、その自動化を実現するプラットフォームのこと。セールスフォースが最大手。多数の種類があり、有名なところではOracle社のeloqua（エロクア）、Marketo（マルケト）やシャノン、国産ツールでB-DASH（ビーダッシュ）やSATORI（サトリ）などがある。そこでのエンドユーザー側の管理ができるようにそれを点数化したり、会員情報を貯めておく仕組みなどがあることが多い。筆者の私見としては、なかなか普通のメールマガジンASPとは異なり、設定管理が難しい部分もあるので導入が目的化しないように運用することがポイントだと考えている。
【eloqua（エロクア）https://www.oracle.com/jp/marketingcloud/products/marketing-automation/】
【Marketo（マルケト）https://jp.marketo.com】
【シャノンのウェブサイト：https://www.shanon.co.jp】
【B-DASH（ビーダッシュ）のウェブサイト：https://bdash-marketing.com】
【SATORI（サトリ）のウェブサイト：https://satori.marketing】

MaaS：マースと読む。「Mobility as a Service」の略称。様々な移動手段をITまたはICTで結び付けてつないで提供するサービスのこと。または、その各移動手段をそういったサービス群に接続できるように型にして提供することや、移動中の乗り物内でのサービスまで含めて広義的に指していることがある。日本ではまだ残念ながら2020年1月段階では実証実験段階だが、いつか月額定額でバス、タクシー、電車、船舶などの複数の期間が連携して乗り放題になるようなサービスが出るのではないかと筆者は考えている。

MVP：エムブイピーと読む。「Minimum Viable Product（＝実用最小限の製品）」の略称。サービスや製品の本リリース前に、顧客に価値を提供できる最小限の製品を指す。それを使って仮説検証を行うアプローチのことまで包含して指すこともある。AirBnBはアプリを開発する前に、無料の掲示板で自分の部屋を掲載して課金検証したエピソードは有名。

NDA：エヌディーエーと読む。「Non-disclosure agreement（＝秘密保持契約、守秘義務契約）」の略称。取引きや交渉に際して相手方から一般に公開されていない秘密の情報を入手した場合、それを公開したり第三者に渡したりしないことを求める契約。一方の当事者が相手方に求める場合と、双方が互いに求める場合がある。投資や重要な業務提携、大型の案件などの前には商談に入る前に結ぶことが通例。また、他の業務委託契約書の中にもこれに関する条項が入っていることが多い。NDAを前提でということが漏れない／漏らさないように組織のガバナンスやメンバーのリテラシーを上げて、信頼を作っていくことが大きなビジネスを回していく上での大前提であると考えている。

O2O：オーツーオー、オンライントゥーオフラインと読む。「Online to Offline」の略称。「Offline to Online」と逆で読まれることもある。オンライン（アプリ、EC、会員サービス）とオフライン（リアル店舗、交換所、キャンペーンスポットなど）を結び付ける統合的なマーケティング活動を行う概念のこと。その後のオムニチャネルやOMOなどにもつながるベースになった重要な考え方。

objective-c：オブジェクティブシーと読む。プログラミング言語のC言語にオブジェクト指向プログラミングを可能にする仕様を追加した言語の1つ。米アップル（Apple）社のmacOS（Mac OS X）やiOS向けソフトウェア開発における標準言語の1つに採用されたことで有名。本書のコラムに記載したがiOSアプリはこれとSwiftが採用されて作られている。Swiftが出る前はこの言語のみだった。

OEM：オーイーエムと読む。「Original Equipment Manufacturing」の略称。製造を発注した相手先のブランドで販売される製品を製造すること。製造を請け負う企業を「OEMメーカー」という。OEMメーカーから製品の供給を受けた企業は、自社工場を持つリスクなどを回避して自社が展開するブランドによって製品を販売でき、製造の委託を受けたメーカーも、販売先が持つ製品や企業のブランド力を利用して販売量や製品力を向上できるメリットがある。

OMO：オーエムオーと読む。「Online Merges with Offline」「Online Merged Offline」の略称。日本語に直訳すると「オンラインとオフラインを併合する」という意味。オンラインとオフラインを同じ目線で並行に考えてプランニングしていくリアルとデジタルの境界を意識しない、意識できないような施策展開を目指していく。

OODA：ウーダと読む。「Observe（観察）、Orient（状況判断、方向づけ）、Decide（意思決定）、Act（行動）」の略称。PDCAと対比される事業運営や検証スキームで、米軍隊での指揮系統で使われてからビジネスにも応用できるとしてメジャーになった。PDCAと比較して状況判断を現場で素早く行うこと、構想をプランニングで練るのではなく、今ある状況下で仮説を考えていくことなどからリーンプロセスやアジャイル開発などスピード感が必要なビジネス運営スキームとの相性が良い。

OS：オーエスと読む。「Operating System（＝オペレーティングシステム）」の略称。システム全体を管理する基幹になるソフトウェアのこと。マイクロソフト社のWindowsが最も有名だが、機器の基本的な管理や制御のための機能や、多くのソフトウェアが共通して利用する基本的な機能などを実装されている。

本書でも紹介の通り、デジタルテクノロジーはOSの影響を非常に大きく受ける階層構造になっており、例えば、Windowsのパソコンの上で、iPhoneアプリはそのままインストールしても動かせないように、このOSのソフトウェア上で動くアプリケーションを作っていくことがアプリ開発の基本となる。

PDCA：ピーディーシーエーと読む。「Plan（計画）・Do（実行）・Check（評価）・Action（改善）」の略称。Plan・Do・Check・Actionを繰り返すことによって、生産管理や品質管理などの管理業務を継続的に改善していく手法。PDCAを回すことがデジタルテクノロジーの新規事業においても重要。

Perl：パールと読む。簡潔な記述や柔軟性、拡張性の高さが特徴的な高水準のプログラミング言語の1つ。いわゆるスクリプト言語あるいは軽量言語（LL：Lightweight Language）という少ないコードで動ける仕様のプログラミング言語の草分け的な存在の1つで、UNIX系OSを中心に広く普及している。

PEST分析：ペストぶんせきと読む。「Politics（政治）、Economy（経済）、Society（社会）、Technology（技術）」の略称。外部環境を知り、経営戦略や事業戦略を考えていく上で役立つ代表的なフレームワーク。シンプルなフレームワークだが、その経営や事業にヒットする判断がされるような外部情報をどのように収集して、かつ分析していく切り口を見つけられるかが重要で力量が試される。

PHP：ピーエイチピーと読む。「Hypertext Preprocessor」の略称。Webサーバの機能を拡張し、例えば、会員登録後のマイページなどもそうだが、動的にWebページを生成するために用いられるプログラミング言語の1つ。実行環境をWebサーバに組み込んで利用されることが多い。メジャーなプログラミング言語の1つ。

PoC：ピーオーシーと読む。「Proof of Concept（＝概念実証）」の略称。新しい概念や理論、原理、アイデアの実証を目的とした検証やデモンストレーションを指す言葉で

新規事業のテストやシステム導入などの試験実証などをすることの意味でビジネス文脈に用いられる。昨今結果に意味がない PoC も乱発されているが、全体のロードマップを書き、その PoC で検証したい枠組みの定義と、その試験後の KPI の地点をどうセットしていくかの両輪が特に重要になる。

PV：ピーブイと読む。「Page View」の略称。ウェブサイト内の特定のページが開かれた回数を表し、ウェブサイトがどのくらい閲覧されているかを測るための最も一般的な指標の1つ。サーバーログを読み取ったり、あるアクセス解析ツールのコードが読み取られて表示される回数をカウントして計測する。しかし、通信環境の問題やスクロールをしないでページの冒頭だけ PC 画面上に映っても 1PV になるし、極端な話、F5 を連打すると増やせてしまうものでもある。

Python：パイソンと読む。簡潔で読みやすい文法が特徴的な汎用の高水準プログラミング言語の1つ。いわゆるスクリプト言語あるいは軽量言語（LL：Lightweight Language）の草分けの1つで、UNIX 系 OS を中心に広く普及している。AI は Python で実施されることが多い。

R&D：アールアンドディーと読む。「Research and development（＝研究開発）」の略称。企業などで科学研究や技術開発などを行う業務のこと。また、そのような業務を担う部署や組織。R&D の部署にいて研究開発を行う人たちをいわゆる研究職という。

RPA：アールピーエーと読む。「Robotic Process Automation（＝ロボットによる業務自動化）」の略称。プログラムしたロボットにより、主に企業などのデスクワークにおけるパソコンを使った業務の自動化・省力化を行うもの。これにより人件費や他のソフトウェア代を削減して、業務効率化や低コスト化を進めることができる。プログラムなので 24 時間動くこともできるので、量が非常に多いが、人間の恣意的な感情がいらない仕事でかつ、インターネット上で完結できそうなものに用いるとよい。

Ruby：ルビーと読む。「オブジェクト指向のプログラミング言語の1つ。主な処理系（実行環境）として、ソースコードを与えると即座に実行することができるインタプリタが用いられるため、いわゆるスクリプト言語の1つに分類されることが多い。

SaaS：サースと読む。「Software as a Service」の略称。ASP が提供するサービスとほぼ同じものを指していることが多い。ソフトウェアをインターネット上にあげておいて、それを利用者にサービスとして提供しているもの。SaaS を事業として考えるときの王道な攻め方や計算式がかなり昨今体系化されてきていて、基本的に初期開発費やプロダクトの磨き込みに最初はリソースを投下してから、その LTV が CAC を上回るように提供を行って損益分岐点を目指して回収していく形式がほとんど。

SAP：エスエイビーと読む。通称、サップ。ERP パッケージなどでよく知られるドイツの著名なソフトウェアメーカー。ドイツ中西部ヴァルドルフに本社を構えるソフトウェア業界の世界的な大手で、大手企業向けの業務パッケージソフトなどに強みがあり、日本法人もある。

SDGs：エスディージーズと読む。「Sustainable Development Goals（＝持続可能な開発目標）」の略称。世界が抱える問題を解決し、持続可能な社会をつくるために世界各国が合意した 17 の目標と 169 のターゲット。この SDGs 解決に向かって企業努力を行っている株式銘柄がある。
【SDGs のウェブサイト：https://sustainable development.un.org】

SDK：エスディーケーと読む。「Software Development Kit（＝ソフトウェア開発キット）」の略称。あるシステムに対応したソフトウェアを開発するために必要なプログラムや文書などをひとまとめにしたパッケージのこと。近年ではインターネットを通じてダウンロードできるよう Web サイトで公開されることが多いが、システムの開発元や販売元が希望する開発者に配布あるいは販売する。スマートフォンアプリの開発においてこの SDK の活用が重要。SDK はプログラムを最初から書かずに複雑な処理ができて便利な反面で、たくさんの SDK をアプリに計画無しに入れ込んでしまうと、パッケージの中の機

能が重複してしまったり、コード間で矛盾するような命令が入っている場合は、通信が遅くなったり、内部の処理がうまくいかずにアプリがクラッシュすることがあるので注意が必要である。

SLA：エスエルエーと読む。「Service Level Agreement（＝サービス水準合意）」の略称。サービスを提供する事業者が契約者に対し、どの程度の品質を保証するかを明示したもの。通信サービスやホスティングサービス（レンタルサーバ）などでよく用いられる。稼働率やサポートの対応などを記入しているものが一般。稼働が心配なサービスで SLA がない場合は契約書などで縛るテクニックもある。

SmartHR：スマートエイチアールと読む。統合的に使うことができる書類作成や、入退社などの労務手続きなどの機能を持つクラウド人事労務ソフトおよびその社名。巨額の資金調達を達成している。ちなみに「不条理な世の中をハックする」をミッションにしており、2019 年には子会社の SmartMeeting を設立して、会議のスマート化にも取り組んでいる。
【SmartHR のウェブサイト：https://smarthr.jp】

Snow：スノウと読む。犬やうさぎの耳などの、面白いエフェクトを付けた自撮り写真を撮影できたり、リアルタイムに様々なメイクを楽しむことができたりする、自撮りカメラアプリ。
【Snow のウェブサイト：https://snow.me】

SQL：エスキューエルと読む。リレーショナルデータベース（RDB：Relational Database）の管理や操作を行うための人工言語の 1 つ。業界標準として広く普及しており、様々なデータベース管理システム（DBMS：Databese Management System）で利用できる。筆者も大学院時代に起業しての頃や、電通入社後に BI ツール事業の担当時にはときどき書いていた。

Swift：スウィフトと読む。Objective-C の後発で、Apple 社の開発した手続き型プログラミング言語の 1 つ。同社の iOS や Mac OS X で動作するソフトウェアの開発に用いられ

る。同社のソフトウェア開発ツール Xcode が標準で対応している。
【Swift のウェブサイト：https://www.apple.com/jp/swift/】

UI/UX：ユーアイユーエックスと読む。「User Interface / User Experience（＝ユーザインタフェース / ユーザーエクスペリエンス）」の略称。UI（ユーザーが見える部分、接点になる部分）と UX をセットで話すときの表現の仕方。UI とは「ユーザーが PC とやり取りをする際の入力や表示方法などの仕組み」を意味し、UX は「ある製品やサービスとの関わりを通じて利用者が得る体験およびその印象の総体」のことを指す。UX は使いやすさのような個別の性質や要素だけでなく、利用者と対象物の出会いから別れまでの間に生まれる経験の全体が含まれるため UI よりも広義の概念。デジタルテクノロジーはコモディティ化していくので、この UI/UX が重要である。ぜひ第 3 章を参照してほしい。

URL パラメータ：ユーアールエルパラメータと読む。URL は実は「Uniform Resource Locator」の略称。情報をサーバに送るときに URL へ付け加える変数のこと。http……の最後に「?」を付けて割り振る。例えばある商品のキャンペーン紹介ページで、広告 A から飛ぶリンク先の URL に ?id=ad_a と振っておくと、アクセス解析の時に Google Analytics の管理画面からこの広告 A から来たことがわかる。そのように同じページでも違うように区別したいときに用いる手法である。

UU：ユーユーと読む。「Unique User（＝ユニークユーザー）」の略称。決まった集計期間内にウェブサイトに訪問したユーザーの数を表す数値。例えば、あるホームページを開いているときに F5 を何回も押してブラウザをリロードしても UU は 1 である。UB（＝ユニークブラウザ）という計測方法もある。しかし、複雑な突合処理をしない限り、例えば同じ A さんでも、PC と手持ちの android からそれぞれ同じページにアクセスすると同一人物でも 2UU にカウントされてしまうし、ブラウザのキャッシュをクリアしてクッキーを削除したりすると、リセットされたりと決して完ぺきなものではない。

VBA：ブイビーエーと読む。「Visual Basic for Applications」の略称。Microsoft Office に含まれるアプリケーションソフトの拡張機能で、利用者が簡易なプログラムを記述して実行することで複雑な処理の自動化などを行なうことができるもの。また、そのために用意されたプログラミング言語。エクセルのマクロの命令が有名。
【VBA のウェブサイト：https://docs.microsoft.com/ja-jp/office/vba/api/overview/】

VR：ブイアールと読む。「Virtual Reality（＝バーチャルリアリティ、仮想現実）」の略称。専用のヘッドセットや対応しているスマートデバイスを通して、画像情報や立体的な空間情報をデバイスやコンピュータなど通して3次元に投影して、視点を拡張することで、その場所へのあたかも現実世界のような没入体験を作る仕組み。

Z 世代：ゼットせだいと読む。ジェネレーション Z の略。1990 年代半ばから 2000 年代半ばに生まれた世代を指す語である。「ジェネレーション Z」ともいう。生まれたときからインターネットがあった世代かつバブル崩壊後の失われた 20 年と言われた時期に生まれている世代ということで、彼らの情報消費のリテラシーや価値観が他の世代と異なることで、注目を集めているのでこういった用語が付いた。

アクセラレーションプログラム：大手企業や自治体がベンチャー、スタートアップ企業などの新興企業に出資またはメンタリングやリソース提供などの支援を行うことにより、事業共創を目指すプログラム。双方ともに新しい協業機会と投資機会を目指していくが、その各期でのネットワークやメンタリングするメンターとの関係値、社員の育成や意識改革、PR など派生するメリットも大きいため一般的な手法になっている。率直に言えば、各アクセラレータプログラムは玉石混交で、ダメなプログラムもいいプログラムもあるし、応募してくるベンチャー企業も華のある会社から、正直、芽も当てられない残念なレベルまで様々で双方の目的意識や目標を短期間で合致させていかないと、本当に目指すべき事業成果の出ない「ごっこ遊び」になってしまうことを筆者は危惧している。

アクティブユーザー：ある期間内にあるサイトやアプリなどに 1 回以上訪問してセッションが 1 回以上発生した UU 数のこと。そのまま AU（＝Active User）と略せるので、DAU（＝Daily Active User）, WAU（＝Weekly Active User）, MAU（＝Monthly Active User）など期間の区切り方で接頭語を付けていろいろな呼び方をする。

アグリテック：農業（Agriculture）とテクノロジー（Technology）を組み合わせた造語。従来の農業における課題をドローンやビックデータ、IoT（モノのインターネット）、ブロックチェーンなどの最新技術で解決する。

アジャイル：「機敏な」「すばしっこい」という意味の英語表現。日本では「アジャイル開発」の略で使われることがある。

アジャイル開発：上記のアジャイルの意味を使ったソフトウェア開発の現場で用いられる考え方およびその手法。システム開発の手順を模式化したモデルの1つで、ソフトウェア開発において反復（イテレーション）と呼ばれる短い開発期間単位を採用することで、リスクを最小化しようとする開発手法の1つ。対義になる手法が本用語集で後述されるウォーターフォール開発。

アドテクノロジー：広告（Advertise）とテクノロジー（Technology）を組み合わせた造語。主にインターネット広告に関連するシステムおよびテクノロジー、サービスの総称。英語では Adtech（アドテック、アドテク）と略される。

アドフラウド：広告詐欺手法の総称。インターネット広告において成果（報酬）につながるインプレッション数やクリック数を不正な方法で水増しし、広告主およびその広告を配信しているアドネットワークへ不当な支払いを要求して広告費をだまし取る。

アントレプレナー：新しく事業を起こす人や起業家の総称。アントレプリナー、アントルプルヌールともいう。自営業など中小の既存ビジネスも入れて話している人と、ベンチャースタートアップのような産業インパクトがある事業を立ち上げることだけを前提にしている人がいる。今は後者のほうが優勢な

意味合い。

インシュアランステック：保険（Insuaranse）とテクノロジー（Technology）を組み合わせた造語。ICT（情報通信技術）をはじめとするテクノロジーを活用することで、保険サービスの効率化や収益化を進めたり、革新的な保険サービスを生み出したりすることを指す。

イントラネット：インターネットの仕組みを活かした企業内のみで使うネットワーク。一般的な TCP/IP のネットワーク機器が使えるため、独自プロトコルの LAN や WAN よりも安価にネットワークを構築できるのがメリット。

イントレプレナー：「社内起業家」もしくは「企業内起業家」の意味。発音の関係でイントラプレナーともいう。企業内での変革を担うような新規事業を立ち上げる際に責任のある役割を担う人材。これは BASE Q で考えていることだが、社内政治や説得が得意な内向きのイントレプレナーと外に出ていく突破力がある外向きのイントレプレナーがいてイントレプレナーの中でも作りやすい新規事業やふるまいに傾向がある。

ウォーターフォール開発：システム開発の手順を模式化したモデルの1つで、設計やプログラミングといった各段階を1つずつ順番に終わらせ、次の工程に進んでいく方式。縦に書くと順番に滝が落ちていくように工程が進んでいくことにちなんで命名されている。ウォーターフォール型の開発では前の工程に戻ることを想定していない。

エキスパートシステム：専門家の知識をコンピュータに蓄積し、それに基づいたデータ解析や機器制御を実行するシステム。AI の初期はこれがきっかけ。

エドテック：教育（Education）とテクノロジー（Technology）の造語。教育とテクノロジーを融合させ新しいイノベーションを起こすビジネス領域およびそのサービスの総称。イーラーニングなどはその走り。

エンドユーザー：ある製品／サービスを実際に使ったり消費したりする人や組織のこと。製品の作り手や売り手から見て、直接の顧客（クライアント）や所有者と、実際の利用者が異なる場合に用いられる概念。決裁者と実際に使う従業員がわかれている To B のソリューションでも同じことが言える。

オウンドメディア：企業が情報発信に用いる媒体（メディア）のうち、自社で保有し運営・管理しているメディアのこと。ブログや一般的な Web メディアのデザインを踏襲して記事型で発信しているものが多いが、開発チームだけのブログなど一部の人間が行っていても組織でオフィシャルであればそれも指すし、昨今は動画チャンネルや他のテクノロジーも活かしてそういった情報発信の仕組みを構築している会社も出てきた。有名なオウンドメディアとしては、「サイボウズ式」「セゾンチエノワ」「Lidia（リディア）」「電通報」など大手企業の各社持っているものは専門メディアやニッチメディア並みのアクセスが稼げているものもある。

オーサリング：テキストやマルチメディアのデータから、1つのコンテンツを作成すること。筆者は電通に入ったときに書誌情報と PDF の情報を組み合わせて、電子雑誌のアプリ内のリーダーに配信できるように変換するシステムの構築を引き継いでやっていた。

オープンイノベーション：新技術・新製品の開発に際して、組織の枠組みを越え、広く知識・技術の結集を図ること。また、その活動を通じて、革新的な新製品（商品）・サービス、またはビジネスモデルを開発するイノベーションを指す。一例として、産学官連携プロジェクトや異業種交流プロジェクト、大手企業とベンチャー企業による共同研究などが挙げられる。

オプトアウト：ユーザーへのメールマガジンなどのデジタル上の広告宣伝や、ユーザーデータの提供や使用範囲を明示した上での許諾を、ユーザー本人が拒否する意思を示すこと。前者の広告のほうは既に、こういった拒否の仕方や通報の仕組みが比較的この5年ほどで整備されてきたが、従来データのほうはその規制が弱かった。しかし昨今、このオプトアウトの仕組みを実装していないでエンドユーザーのデータを不当に集めるサービスはヨーロッパでは GDPR、日本では個人情

報保護法によって処罰の対象になるように法律が追いついてきている。

オプトイン： Opt-In と表記して直訳すると「選択」という意味を持っている。ユーザーへのメールマガジンなどのデジタル上の広告宣伝や、ユーザーデータの提供や使用範囲を明示した上での許諾を、ユーザー本人が許容する意思を示すこと。筆者の私見では、今後もっといかにわかりやすく丁寧なオプトイン、データを預けたくなるようなオプトインをできるかというデータ許諾上の UX にも改革が起きると考えている。

オムニチャネル：実店舗やオンラインストアをはじめとするあらゆる販売チャネルや流通チャネルを統合すること、および、そうした統合販売チャネルの構築によってどのような販売チャネルからも同じように商品を購入できる環境を実現すること。

カオスマップ：ある境界で事業者を区分して1枚に収めた業界地図の通称。デジタルテクノロジーも良くこの区分で事業者がマッピングされている。読み解き方はコラム参照。

ガジェット：目新しい道具、面白い小物、ちょっとした装置、といった意味を持つ英単語。IT の分野では小型の電子機器や携帯型の情報機器などを指すことが多い。

カスタマージャーニー：顧客の認知から購買、製品やサービスへの接触をする一連のプロセスを旅に例えた言葉。そのプロセスを可視化・分析することによって、マーケティング活動を最適化しようという試み。本書の3章にて詳述。

キャズム理論：キャズム（英語で地表の裂け目、溝の意）理論は元々半導体やハードウエアなどのハイテク産業の新規技術にフォーカスした世界的にも有名なマーケティング戦略の理論です。ジェフリー・ムーア氏が1991年に提唱して以来、彼の代表著書「キャズム」は世界を代表するビジネス書の1つで、今でも続編が出ており、現在も発展を続けている理論／メソッドでもあります。スタンフォード大学の社会学者、エベレット・M・ロジャースが1962年に提唱したイノベーター理論における、このとき、この革新性のある

アーリーアダプターまでとアーリーマジョリティーの間の価値基準に特に大きな差があることで生じる隙間をキャズムと呼び、ハイテク産業が市場に浸透してビジネスとして発展していくときには特に顕著に現れやすくなるということと、それを越える方法論を解析したのがキャズム理論。イノベーター理論とは、新しい商品やサービスが普及する際、情報や流行感度、テクノロジーへのリテラシーに応じて獲得できる層が拡張していき、それを整理するとイノベーター、アーリーアダプター、アーリーマジョリティー、レイトマジョリティー、ラガートの5つにユーザープロファイリングできるという理論。
【参考＆引用：電通報「IT サービスへのキャズム理論の応用」https://dentsu-ho.com/articles/2801】

キャッシュレス：現金を使わない決済や送金などの支払いおよび受け取り方法の総称。クレジットカードや電子マネー、口座振替、仮想通貨全てキャッシュレスというので定義が広い言葉のため、デジタルテクノロジーでのキャッシュレスと言っているときにはどの方法を指しているかと、どういったベネフィットや目的でその言葉を用いているのか確かめる必要がある。

クッキー：Web サイトの提供者が、Web ブラウザを通じて訪問者のコンピュータに一時的にデータを書き込んで保存させる仕組み。一時期非常に注目されたが、違和感やオプトインオプトアウトの問題、過度なターゲッティングにより、制限がついたり、禁止になりつつある。

クラウドサーバー：自社でサーバを保有せずに、事業者が保有しているサーバやネットワーク環境を利用すること。対義語としてオンプレミスという。

クラウドファンディング：群衆（crowd）と資金調達（funding）を組み合わせた造語で、インターネットを通して自分の活動や夢を発信することで、想いに共感した人や活動を応援したいと思ってくれる人から資金を募るしくみ。

クレイグスリスト：アメリカのサンフランシスコの Craigslist.Inc によって運営されてい

る、アクセス数は毎月 20 億ページビュー以上、投稿されている広告数は毎月 8,000 万件以上という世界最大級のクラシファイドコミュニティサイト。このサービスを参考のベースにしたポータルが日本でも多数展開されている。

グロースハック：事業やサービスの全体の構造をとらえて、KPI/KGI を設計してサービスの改善活動を継続的にデータドリブンで行っていくマインドセットおよび手法。AB テスト（2 つのパターンをランダムに出し分けてその反応を計測してどちらが良いかクリエーティブをテストする方法）といった単発の手法やマーケティングと対比で話されることが多いが、もっと実際には広い概念。

ゲーミフィケーション：ゲーム的な要素や考え方をゲーム以外の分野にも応用し、顧客やユーザーとの関係構築に利用しようとする取り組みおよび手法のこと。営業や学習活動、ヘルスケアにおける健康活動など適用できる範囲は広いが、効果的に行うのは意外と難易度が高い。

ゲノム：ある生物がもつすべての染色体を 1 組分だけ取りそろえたもの、すなわち単相の細胞に含まれる全染色体をいう。通常の生物の体細胞は、2 組のゲノムをもつことになる。

コストコンシャス：コストに対して意識すること、またはコストが高い／低いことなどの状態も示していう造語。

コストセンター：コストだけが集計され、収益は集計されない部門のこと。したがって、コストに対してのみ責任を有する。マーケティング部門やバックオフィスの中での監査など、間接費に入る部門がそのような定義になりやすい。

コミュニケーション・デザイン：情報の授受をあらゆる主体でデザインすること。広告の文脈では企業およびその製品やサービスに対してエンドユーザーとの関係で指すことが多いが、広義的にとらえれば、社内政治や生活者同士のやりとり、一定知能のある動物と人間も基本的に全てコミュニケーション・デザインであると言える。そのため、筆者はいつか AI と人間においてもこの言葉が適用され

る時代がくると読んでいる。

コモディティ化：市場参入時には競争優位性を持っていた商品が、後発や模倣、ベースになる技術の汎用化や量産化などによって、一般化されていくこと。デジタルテクノロジーも常にこの流れになるので、本書ではビジネス面のための UI/UX や実際の導入、事業開発、投資、そしてマーケティングといったそれ以外の部分が実践・評価できるようになってほしいというスタンスから本書を執筆している。

コンタクトポイント：消費者と企業あるいはブランドとのあらゆる接点のことを指す総称。別称ではタッチポイントという。具体的には新聞や雑誌、テレビコマーシャルなど企業側から接点をつくる場合と、口コミなどの消費者からコンタクトポイントをつくる場合がある。

コンテンツホルダー：映像や文章、キャラクターなどといったコンテンツの著作権などを中心にした権利を持っている所有者を指す名称。

コンフリクト：対立、軋轢のこと。人間同士で相反する意見、態度、要求などが存在し、互いに譲らずに緊張状態が生じることを意味しているが、実際には構造上対立していること全体を総称として話している場合も結構多い。

サーバーエンジニア：コンピュータシステムを運用するサーバー機器の構築や、サーバーの管理や設定を行うソフトウェアの開発を行う職業。

サトシナカモト氏：ビットコインの礎を築いた匿名の人物。世界で初めて、ビットコインのアイデアをまとめた論文をネット上に公表した。日本人を想起させる名前だが、正体は不明。論文の中での思想や書きぶり、技術的な共通性と日本名から、元 Winny 開発者の故氏という説もある。

サブシステム：大きなシステムの一部を構成する、より小さな単位のシステム。または、あるシステムの補助や予備、代替として用いることができる別のシステム。

サブスクリプション：定期課金のこと。製品やサービスなどの一定期間の利用に対して、代金を支払う方式。

サプライチェーン：サプライは供給、チェーンは連鎖の意味。製品の原材料が生産されてから消費者に届くまでの一連の工程。

サンドボックス地区：IoT、ブロックチェーン、ロボット等の新たな技術の実用化や、プラットフォーマー型ビジネス、シェアリングエコノミーなどの新たなビジネスモデルの実施が、現行規制との関係で困難である場合に、新しい技術やビジネスモデルの社会実装に向け、事業者の申請に基づき、規制官庁の認定を受けた実証を行い、実証により得られた情報やデータを用いて規制の見直しに繋げていく制度。

シーズ探し：ベンチャースタートアップの法人や研究所などで、コアになるテクノロジーを持っているような投資先になる組織を探すこと。ちなみに設立初期のまだ時期の浅い段階のベンチャーを探すことや、技術のタネになるものを持っている企業を探す行為はシード探しという。似ているが全然意味が違う。

システムインテグレータ：SIer。企業や行政の情報システムの構築、運用などの業務を一括して請け負う事業者のこと。そのような事業のことをシステムインテグレーション（SI：System Integration）という。

スクラム：ソフトウェア開発手法の1つで、チームが一丸となって仕事に取り組むための方法論を中心にまとめられた方式。少人数で迅速に開発を進める、いわゆるアジャイルソフトウェア開発手法の1つ。

スポーツテック：スポーツとテクノロジーを掛け合わせた造語。IT（情報技術・デジタル技術）を活用することによって、スポーツの新たな付加価値を創造したり、従来とは異なるビジネスモデルを実現したりするソリューションのこと。近年2020年に際して、スポーツ選手のセカンドキャリアでビジネスサイドに出る人が増えていてうれしい。電通でもアクセラレーションプログラムのスポーツテック東京をスクラムベンチャーズと共催している。スポンサード型のビジネスが歴史

上長いことやユーザーリテラシーがITと、スポーツとしての制約、適用できるソリューションの規模などで限定的になるので、サービスで素晴らしいものはたくさんあってもマネタイズは意外と難しい領域だと筆者はにらんでいる。

スマートスピーカー：対話型の音声操作に対応したAIアシスタントを利用可能なスピーカーで、AIスピーカーとも呼ばれる。現在、多くの人がインターネットを介して音楽鑑賞や調べ物、買い物といったサービスを利用するが、スマートスピーカーでは、そうしたサービスを、PCやスマートフォンなどを介することなく、「音声」のみで操作可能。

セブンドリーマーズ：全自動衣服折り畳みロボットを開発していた元ベンチャースタートアップ企業。大和ハウス工業やパナソニックなどで多額の支援出資を受けていた。2019年に倒産。

センシング：センサー（感知器）などを使用してさまざまな情報を計測・数値化する技術の総称。

ソフトバンクのビジョンファンド：2016年10月、ソフトバンク・グループが設立を発表した超巨大ファンド。現在2号ファンドができている。10兆円規模の運用額で世界から名だたる企業が出資しており、このファンドから様々な著名なデジタルプラットフォームが出資を受けている。実は日本ではなく本拠地はイギリスである。保険や小売、タクシー配車などリアルの生活×テクノロジーに特化したサービスへの出資が多い傾向と筆者は見ている。

ダークウェブ：匿名性が前提され、一般的なインターネット閲覧手法では閲覧できずアクセスする手がかりもない環境にあり、多くは非合法のやりとりのために用いられるWeb上のコンテンツの総称。

ディープラーニング：人間の脳の構造を模したニューラルネットワーク（脳の認識や処理の特性を再現した数理的なモデル）での学習の仕組みを活かした教師あり学習（インプットするデータが事前にある）におけるAIの代表的な仕組み。この大本になる最初の手法

であるパーセプトロンという仕組みは50年以上も前に開発されているが、数学的な問題に当たってエラー率が多くしばらく注目されていなかった。しかし、2006年にこのニューラルネットワークの活用方法を変えたアプローチ（詳細は本書では割愛）によって一気に発展した。

ディレクション：英語の直訳は、指導や監督、演出を意味する。しかし、これを実施する人を意味する「ディレクター」は業界によって定義が違うので丁寧な確認が必要。例えば、撮影やテレビ局、映画業界などでディレクターというと監督などを意味したり、コンサルティングファームでも役員手前くらいのポジションの人をマネージングディレクターといったりするが、メディアや広告業界、Web制作会社などにおいては進行を管理する人を主に指している。

デジタルウォレット：言葉通りデジタル上の財布のような貯蓄機能を有して出し入れできるサービスの総称。複数の決済手段や入金方法、Webやアプリなどインターフェイスも複数ある。ポイントや仮想通貨を入れているものでもウォレットと言われる。かなり普及してきているが、まだまだ導入店舗側のUXやエンドユーザー例の購買体験そのものの刷新が必要。

デジタルテクノロジー：「ICT技術」と辞書にあるが、本書では、個別のICT技術が使われているサービスも、その技術領域そのものもどちらも用いてそう呼んでいる。

デジタルハリウッド大学大学院：21世紀からの超高度情報化社会において、デジタルコミュニケーションを駆使して、社会に対する「変革」を起こす人材を輩出するために設立された社会人のための専門職大学院。筆者もデジタルヘルスケアやUI/UX分野を学習・整理させてもらう中で関わらせてもらっていて非常にお世話になっている。
【デジタルハリウッド大学大学院のウェブサイト：https://gs.dhw.ac.jp/profile/】

デジタルファブリケーション：コンピュータと接続されたデジタル工作機械によって、3DCGなどのデジタルデータを木材、アクリルなどの様々な素材から切り出し、成形する技術。レーザーカッターやCNCマシン、3Dプリンタなどを使ってモノづくりをすることを指すことが多い。

デジタルヘルスケア：スマートフォン、SNSやインターネットアプリケーションなどの技術によって、患者や消費者が健康や健康関連の活動をより管理・追跡しやすくするものであり、人・情報・技術およびコネクティビティが融合することで、医療と健康成果を向上させるもの。

デジタルヘルスラボ：デジタルを用いてヘルスケア業界にイノベーションを起こすことを志す方々のための、プロトタイプ開発を支援する取り組み。
【デジタルヘルスラボのウェブサイト：https://digitalhealthlab.tokyo/about/】

テスター：システムやサービスなどのテストをする人や、試験・検査あるいは診断をする人の総称。本書ではデジタルテクノロジーの検査担当者を指しているが、実際にはデジタルに限ることは無く、社内や組織内で製品やサービスどちらも試していく人のことをテスターと言っている。

デューデリジェンス：投資の評価や価値判断。投資用の不動産取引、または企業合併や買収などで把握しておくべき情報、つまり「企業の資産価値」「企業が受けるリスク」「予想される収益性」などを、状況に合わせて適性に査定・評価する一連の義務活動。本書では、

テラバイト：バイトの1兆（1012）倍または1,099,511,627,776（240）倍を表す単位は「テラバイト」（terabyte）と呼ばれ、「TB」「Tbyte」の略号で示される。映像だとデータの大きさがギガバイト単位なので、それよりもさらに1,000倍のスケールになったいるため、ビッグデータで保有できるデータ規模をイメージする言葉としてよく用いられている。外付けのハードディスクの巨大なストレージがだいたいそれくらいの容量のデータを保存できる。

トークスクリプト：営業や商談時に話す内容や順番をきめておく「台本」のこと。

トークン：仮想通貨業界で、一般的に既存のブロックチェーン技術を利用して発行された仮想通貨のこと。

トランザクション：商取引、売買、執行、取扱、議事録などの意味を持つ英単語。ITの分野では、取引記録などの意味の他に、ソフトウェアの処理方式の1つで、互いに関連・依存する複数の処理をまとめ、一体不可分の処理単位として扱うことを指す場合が多い。

ニュートリノ：「ニュートラル＝電気を帯びていない」「イノ＝（イタリア語で）小さい」という意味の名前を持った、素粒子の1つ。

ニューラルネットワーク：神経回路網と訳される。人間の脳の情報処理の働きをモデルにした人工知能（AI）のシステム。学習機能をそなえ、知識が蓄積されていく。音声認識や、文字認識、画像認識などに利用されている。

パートナープログラム：特定の条件を満たす法人へ業務提携を募って運営していく仕組み。例えば、販売パートナープログラムと言われれば、代理店契約を代理店と結んで売ってもらうことを指すなど。

バイオテック：バイオロジー（生物学）とテクノロジー（技術）を組み合わせた造語で、日本語訳は「生命工学」。バイオテクノロジーは技術そのものを、バイオテックは業界領域を指す単語なので微妙に解釈が違う点は注意が必要。

ハイプ・サイクル：世界的なリサーチ会社ガートナーが提唱した、テクノロジーとアプリケーションの成熟度と採用状況、およびテクノロジーとアプリケーションが実際のビジネス課題の解決や新たな機会の開拓にどの程度関連する可能性があるかを図示したもの。疑問視する声もあったり、いろいろ言う人もいるが、技術に対する「深度」や社会的な関係性およびインパクトが示されていない点に課題はあるものの筆者は一定以上事業を考える上で参考になる、わかりやすく素晴らしいフレームワークだと考えている。

バズワード：主にIT関連業界に見られる流行語で、何か新しい重要な概念を表している

ようだが、その実、明確な定義や範囲が定まっておらず、人によって思い浮かべる内容がバラバラであったり、あるいは宣伝文句的に都合よく引用されていたりするような新語や造語、フレーズのこと。デジタルテクノロジーも汎用化されなかったり、その後すぐに消えていくようなものも後を絶たないので、バズワード化しやすいが筆者としては、そういった言葉の意味や本質を理解してもらいたいと考えている。

ハッシュ値：元になるデータから一定の計算手順により求められた、規則性のない固定長の値。その性質から暗号や認証、データ構造などに応用されている。

ビッグデータ：テラバイト単位以上が基本な、従来のデータベース管理システムなどでは記録や保管、解析が難しいような巨大なデータ群またはそのデータ群を活用していく手法やマインドセットそのものを指していっているときもある。

ビッティング：入札を行っていくこと、またはそのシステムおよび機能の総称を指すことが多い。類似でRTB（リアルタイムビッティング）という手法がデジタル広告業界では一般化しており、アドエクスチェンジを代表とする広告取引市場において、広告枠のインプレッションが発生するたびにリアルタイムでのオークション取引を行い、最も高い金額をつけた入札者（広告主）の広告を表示する入札方式。

ビットコイン：インターネット上で使用できる仮想通貨の1つ。日本円のような法定通貨とは異なり、通貨としての機能を持つ電子データであり、1ビットコインは、1BTCという単位で表記される。

フィードバックサイクル：何か結果が出たときにその結果に対して何らかのフィードバックを行う仕組みのこと。例えば、ソーシャルゲームでステージをクリアするとコインなどの報酬がもらえる、レベルがあがると新しい技を使えるようになるというものもその1つ。

フィンテック：金融（Finance）とテクノロジー（Technology）の造語。情報・通信技術を融合して産み出された、従来にない新し

いサービスやシステムの総称。

フェルミ推定：調査しないとわからないような数量を論理的に因数分解などして分解して概算して推計することまたはその手法。「シカゴのピアノ調律師が何人いるか？」「電信柱は日本に何本あるか？」などが有名な問題。日本の就職活動市場でもコンサルティング会社などでこの思考力を問う質問がよく出る。極めると、必要な因数分解した数字さえあれば、誤差 10% 以内に当てられるらしい。事業計画書の数字の整理もまさにこの繰り返しである。

ブラック−リッターマン・モデル：ファイナンスにおけるポートフォリオ選択についての数理モデルである。証券会社のゴールドマン・サックスに所属していたフィッシャー・ブラックとロバート・リッターマンによって1990 年に考案され、1992 年に出版された。ブラック−リッターマン・モデルでは、機関投資家が現代ポートフォリオ理論を実践するに当たって出くわす問題が克服されている。【本書での詳細解説は割愛のため、Wikipedia引用　https://ja.wikipedia.org/wiki/ブラック−リッターマン・モデル】

　非常にベーシックな理論になっており、日本の年金もこのモデルが使われていると言われている。

プラットフォーム：ある機器やソフトウェアを動作させるのに必要な、基盤となる装置やソフトウェア、サービス、あるいはそれらの組み合わせ（動作環境）のこと。

プラットフォームの5C：経営学で有名な 3C分析を拡張し、プラットフォームビジネスに関わる参画事業者と階層の整理をするための筆者の考えたフレームワーク。他にもマーケティング用やビジネス戦略用の 5C もあり、いくつか拡張・応用がされている。【参考：https://dentsu-ho.com/articles/6198】

Collaborator：上記のプラットフォームの 5Cにおける協力者を指す。参画事業者や提携先などのプレーヤー。プラットフォームの価値を生み出しているコンテンツ提供者の他、コンテンツ提供者の動きをサポートするプレーヤーも含まれる。

Controller：上記のプラットフォームの 5C における管理者を指す。サービス提供者（プラットフォーマー）の他、プラットフォームを支える OS やサーバなど、場を提供するプレーヤー。サービス提供者やインフラ提供者が当てはまる。

ブランド：製品に付ける名前、ないしは名前が付いた製品そのものをいう。転じて他と区別できる特徴を持ち価値の高い製品のことを指す場合がある。

プリセールス：システム構築やソフトウェア製品を販売・導入する際に、営業担当に同行し、IT の技術的な知識を用いて、営業担当をサポートする職業。

フルスタックエンジニア：別名マルチエンジニアとも呼ばれ、すべての開発を自分一人で手がけられる人材のこと。そもそも 1 人でサービスのほとんどカバーしている領域が作れてしまう分、1 人いるとかなり心強いが組織としては、こういった人に仕事が集中しやすいので、マネジメント上のケアや優遇が必要だと筆者は考えている。

ブレインマシーンインタフェース：脳波などを直接コンピュータやロボットに伝えて動かす技術。脳コンピュータインターフェース。マンマシンインターフェースの一種。BMI。ヘルメットのようなものや脳波センサーを付けてスクリーンに文字を打ったり画面内を操作できるようになる。これがゲーム業界に来る日も近いではないかと思っている。

ブロックチェーン：ネットワーク上にいる利用者たちがお互いに取引データを「分散」して管理し合う仕組み。取引データのまとまり（ブロック）は、時系列で鎖（チェーン）状に連なっており、「分散型取引台帳技術」または「分散台帳技術」等と呼ばれている。

ペッパー：ソフトバンク株式会社が販売している人工知能を搭載した人型ロボットの名称。2015 年 2 月から販売開始。2020 年 4 月12 日現在、基本価格 198,000 円、基本料月額14,800 円、保険料月額 9,800 円で販売されており、加えてロボット手続料が 10,584 円かかるとの記載がある。【ペッパーのウェブサイト：https://www.

softbank.jp/robot/pepper/】

ベンチャーキャピタリスト：優良企業・成長企業に投資（資金の提供）を行い、投資先企業の成長を実現することによってキャピタルゲインの獲得を目指す職業。事業会社が運営している VC はコーポレートベンチャーキャピタル（CVC）という。

ボックスモデル：各要素が生成する矩形領域の範囲がボックス（Box）のように見立てられることから、この概念をボックスモデル（Box model）と呼ぶ。システムとサブ・システムの関係や、組織間の流通、人体の各臓器の対内循環など、あらゆる物質や情報伝達もこの考え方が基礎にあるとわかりやすい。もう1回執筆の機会がもらえたら、このボックスモデルに関する書籍を書こうと思っているくらいである。

マイクロコンテンツ事業者：厳密な数字や規模の定義はないが、少数のコンテンツを持っているコンテンツホルダーのこと。例えば、雑誌1誌だけを作っている出版社やキャラクター IP1つだけを YouTuber に配信している個人などである。まだ収益化していないことが多く、自身で販売する仕組みを構築するリソースも基本ないので、このプレイヤーを統合的にエコシステムへどう巻き込んでいくかがプラットフォーマーとしての勝負のポイントになる。

マネタイズ：ネット上の無料サービスから収益をあげる方法のこと。収益事業化。もともとは金属から貨幣を鋳造するという意味で使われていたが、2007 年頃から IT 用語として使用されるようになった。

ミレニアル世代：米国で、2000 年代に成人あるいは社会人になる世代。1980 年代から2000 年代初頭までに生まれた人をいうことが多く、ベビーブーマーの子世代にあたる Y世代（ジェネレーション Y）やデジタルネイティブと呼ばれる世代とも部分的に重なる。筆者も小学校低学年での Windows95 が初めてのパソコン体験であり、このミレニアル世代の初期である。

メソドロジー：科学や芸術の領域である目的や狙いを達成するために、それをうまくやる

ための「コンセプト（概念）」「メソッド（方法）」「プロセス（手順）」「ツール」の一連のシステム（関連する組み合わせ）。

メタ化：直訳は「超〜」「高次の〜」という意味。 つまり、対象の背景や高次の情報、より抽象度の高い情報を「メタ〜」と表現する。今回の本書のフレームワークもある意味サービスやテクノロジー領域そのものをメタ化して俯瞰するためのツールに他ならない。

ユニットエコノミクス：生涯顧客価値（LTV）＞顧客獲得コスト（CAC）を達成させる新たな商売を立ち上げたときに、当面の目標として掲げられるのがユニットエコノミクスを成立させること。本書での唯一の数式。

ライブラリ：プログラミング言語において、よく利用すると思われる関数や機能、データなどを、再度使いやすいようにひとまとめたファイルのこと。このライブラリがそろっている簡単なものであればあるほど、プログラミングで開発する速度が速くなる。

リーガルテック：法律×テクノロジーの造語。なぜか他の領域×テックの造語とは違い、リーガルサービスを提供するために活用されるソフトウェアやデジタルテクノロジー、サービスそのものを指すこともある。

リーンキャンバス：9つの要素から事業プランを整理するフレームワーク。1枚の紙面上で自分の事業を俯瞰的に理解できる。これを素早く書けると事業のポイントを評価分析することもできるし、自身が事業を立案していく上でも現状を理解することがある。

リクエスト単位課金：コンピュータシステム上への要求に対して、一定の件数単位で課金すること。API などはこの単位で課金することが多い。

リテールテック：小売・流通（リテール）×テクノロジーの造語。事業に IT や IoT の最新デジタル技術を導入すること、および、それによって実現される新機軸の技術やサービスこと。こういった単語は 2010 年代初頭にはなく、リアルが主戦場の業界にも、こうしてテックと付く用語が増えていることを感じ

る。今後デジタルテクノロジーを無関係にした業界はなくなるのではないかと筆者は考えている。

レコメンデーション：デジタル上でまさに推薦すること。顧客の好みを分析して、顧客ごとに適すると思われる情報を提供するサービスのこと。Amazon の巨大 EC が伸びた要因はこのエンジンの精度のおかげといわれている。

ロードマップ：道路地図、計画図、予定表、工程表などの意味を持つ英単語。製品や技術、市場など特定の対象について、現在から将来のある時点までの展望や計画などをわかりやすく図や表にまとめたもの。

ワイヤーフレーム：Web ページの配置やレイアウトを定める線の集合で書く画面設計図を指す。最近ではこのワイヤーフレームを書きやすくするために特化したツールがあるくらいで、プロデューサーやプロジェクトマネージャーとデザイナーをつなぐ共通言語である。

意匠：物品のより形や、模様・色彩などの美しい外観や使い心地のよい外観。その探求も含めて指すニュアンスがあるが、デザインのアウトプットを指すと言ってしまっていい。日本の法律でもこの意匠を守るための意匠権が定められており、こうしたデザインがマネされないように知的財産的な工夫がされている。

仮想通貨：国の裏付けのない電子的な通貨。ブロックチェーン技術によって、権利の所在を全員でトレースして監視できる仕組みができてから発行されるようになった。筆者はこの暗号資産は国の裏付けや実体経済といかにくっついたものが作れるかが新しい経済圏やバーチャルな国家を作る力になるかが注目のポイントだと考えている。以下、日本銀行のウェブサイトからの 2021 年 2 月段階では下記のように記されているが、わかりやすいので部分的に引用する。
【https://www.boj.or.jp/announcements/education/oshiete/money/c27.htm/）】
（以下引用：）「暗号資産（仮想通貨）」とは、インターネット上でやりとりできる財産的価値であり、「資金決済に関する法律」において

、次の性質をもつものと定義されています。
（1）不特定の者に対して、代金の支払い等に使用でき、かつ、法定通貨（日本円や米国ドル等）と相互に交換できる
（2）電子的に記録され、移転できる
（3）法定通貨または法定通貨建ての資産（プリペイドカード等）ではない
　代表的な暗号資産には、ビットコインやイーサリウムなどがあります。
　暗号資産は、銀行等の第三者を介することなく、財産的価値をやり取りすることが可能な仕組みとして、高い注目を集めました。(以上引用）

仮想通貨取引所：「証券取引所」のような場所で、仮想通貨を売りたい人と買いたい人が集まり、個別に取引を行う。仮想通貨取引所は、これらの取引に関わることはなく、あくまでも取引の場を提供するのみ。

画像認識：パターン認識技術の一種であり、画像データから、オブジェクト（文字顔など）や、対象物の特徴（形状、寸法、数、明暗、色など）を抽出／分析／識別して認識検出する手法。

画面遷移図：画面の構成を表す図の１つで、画面がそのような順序で表示されるか、あるいは画面どうしがそのような関連性を持っているのかを示した図解のこと。

概念実証：PoC（Proof of Concept の略）。新しい概念や理論、原理などが実現可能であることを示すための簡易な試行。一通り全体を作り上げる試作（プロトタイプ）の前段階で、要となる新しいアイデアなどの実現可能性のみを示すために行われる、不完全あるいは部分的なデモンストレーションなどを意味する。

検索連動型広告：ユーザーが検索エンジン（Yahoo! や Google など）で、あるキーワードで検索した際に、そのワードに連動して表示される広告のこと。この広告を何番目に出してもらうか決める、入札の仕組みをいかに乗りこなすかが、広告運用の上で重要になる。

実用新案：物品の形状、構造または組み合わせに係る考案を保護するための権利。考案とは、自然法則を利用した技術的思想の創作を

いい、発明と違い、高度であることを必要としない。

商標：ある商品やサービスを、他の商品やサービスから区別するための目印のこと。商標情報データベース「J-Stat」。

J-PlatPat：ジェイプラットパットと読む。無料で利用可能な知的財産データベース。この特許情報プラットフォームにより、研究開発動向や技術動向の把握に役立つ、特許・実用新案・意匠・商標に関する情報を得ることができる。
【J-PlatPat のウェブサイト：https://www.inpit.go.jp/j-platpat_info/】

情報銀行制度：個人から託された個人データを、その個人があらかじめ認めた企業に対して事前に同意した条件で提供するもの。許可制。

地球システム科学：地球科学の知見と、地球が複数のシステム（系）とその相互作用によってできていると仮定している科学分野。その水資源開発、防災、環境保全関連分野のコンサルタント企業にも同名の会社がある。筆者の大学院時代の恩師、故鹿園直建先生の理論がなかったら本書は完成しなかったと断言できる。

通信規格：情報のやりとりをするための通信メソドロジーのこと。Wifi などは IEEE（アイ・トリプル・イー）というアメリカに本拠地がある技術標準化団体によって、周波数（ヘルツという単位で1秒間に振動する回数）と理論上の速度が決まっている。

同時接続数：外部からの接続を受け付けるサーバやシステムなどで、ある瞬間に同時に接続している（あるいは、することのできる上限の）機器や利用者の数のこと。同時接続数を下回ると落ちてしまったり、極端に通信が遅くなったりする。サービスによってはこの接続上限を課金のポイントにするものも多数存在する。SaaS では同じアカウントでログインさせて使いまわしを防止するために、同時接続数を1にカウントして2ユーザー以上ログインすると落ちる仕組みにしたり、防犯のため、認証確認をしないといけない仕様にしているサービサーも多数いる。

特許：「発明」を保護する制度。特許制度は、発明をした者に対して、国が特許権という独占権を与えることで発明を保護・奨励し、かつ、出願された発明の技術内容を公開して利用を図ることで、産業の発達に寄与することを目的としている。

不動産テック：不動産×テクノロジーの造語、Prop Tech、ReTech、Real Estate Tech とも呼ぶ。テクノロジーの力によって、不動産に関わる業界課題や従来の商習慣を変えようとする価値や仕組みのこと。こういったこれまでリアルでしかできなかった取引がデジタル上で全て完結するようになる日も近い。

分散型ネットワーク：分散コンピューティングのネットワークシステムである。通常は、分散システムが使用するネットワークや、複数のローカルネットワーク（LAN など）の総称として使われる。

量子コンピュータ：量子力学の原理を計算に応用したコンピュータ。極微細な素粒子の世界で見られる状態の重ね合わせを利用して、従来の電子回路などでは不可能な超並列的な処理を行うことができる。

3D プリンタ：スリーディープリンタと読む。プラスチックやゴムなどを素材にして、コンピュータに入力された CAD などのデータから、紙をプリントするように立体物を作成する機械。

5G：ファイブジーと読む。第5世代移動通信システムのこと。国際電気通信連合によって、eMBB（enhanced Mobile Broadband）＝高速大容量、URLLC（Ultra-Reliable and Low Latency Communications）＝高信頼低遅延、mMTC（massive Machine Type Communication）＝同時多接続が、要件として定義されている。

■ 著者紹介

片山　智弘　（かたやま　ともひろ）

株式会社電通　事業共創局　シニア・ビジネス・プロデューサー
株式会社セガ　エックスディー　取締役執行役員 CSO
1987 年、東京都生まれ。2010 年、慶應義塾大学理工学部卒業後、慶應義塾
大学大学院在学中に就職活動の採用試験を練習するイーラーニングサービス
で起業。2 年間経営後にサイト M&A で売却。2012 年、大学院修了と共に
株式会社電通へ入社。
電通入社後は、一貫して新規事業部署に所属。デジタルテクノロジーおよび
ビジネスメソドロジーを活かした様々な事業開発を歴任。並行して、オープ
ンイノベーションによる協業推進の責任者や、デジタル環境戦略と UX に関
するアドバイザリー業務も実施。
2019 年 7 月より、セガ　エックスディーへの合弁会社としての電通の資本参
画を契機に取締役を兼任。

事業成長につなげる
デジタルテクノロジーの教科書

2021 年 3 月 15 日　初版第 1 刷発行

■ 著　　者──片山智弘
■ 発 行 者──佐藤　守
■ 発 行 所──株式会社 **大学教育出版**
　　　　　　　〒 700-0953　岡山市南区西市 855-4
　　　　　　　電話（086）244-1268　FAX（086）246-0294
■ 印刷製本──モリモト印刷 ㈱

ISBN978-4-86692-123-5